JN090633

モノ申す
人類学

長谷川眞理子

青土社

モノ申す人類学

目次

第五章　大学の不条理　123

第六章　成熟した市民社会へ　145

モノ申す人類学

まえがき

現代の社会はたくさんの問題を抱えている。世界中に共通の問題もあれば、日本に固有の問題もある。それらの問題について、これまでにも多くの人々がさまざまな視点から論じてきた。私は、自然人類学者として、少し異なる視点からそれらの問題について考えてみようとしている。本書も、そのような考察の一貫である。

自然人類学は、ヒトという生物がこの数百万年の間に、どのようにして進化してきたのかを明らかにしようとする学問である。読者の皆さんにはあまりなじみが深くはないだろう。自然人類学に関して思いつくことと言えば、北京原人とかネアンデルタール人とか、化石人類のことなのではないだろうか。もちろん、こういった化石人類の研究も、自然人類学の重要な一部である。

しかし、自然人類学の成果は、私たちが生物として過去にたどってきた道筋についてだけ教えてくれるものではない。そもそも人類の進化に限らず、生物の進化史とは、ある生物が過去にたどってきた道筋を知ることにより、現在のこの生物が、なぜこのような形態であり、このような生理的反応を示し、このような行動を取るのか、を教えてくれるのである。過去の経緯を知ることにより、現在の状態がそうなっている理由がわかる。そうすれば、何かを変えようとするには何が必要なのか、変えることは簡単なのか難しいのか、などについて多くの知見が得られるはずだ。進化的知識は、過去の探求ではあるが、将来のためにこそ必要なのである。これは、すべての歴史科学に共通のことであろう。

もう一つ大事なのは、問題を考える時間スケールである。現代の諸問題について考える人々は、ここ数年、せいぜい長くても数百年という時間軸で議論している。しかし、自然人類学は、数百万年のスケールの中で考える。生物進化は、世代を経るごとに遺伝子に起こる変化であり、その速度は、現代人の普通の感覚に比べれば非常に遅い。私たちヒトという生物の、脳を含めたからだの働きが、この世界の変化のスピードに追いついて、同じように変化している、変化できる、と思うのは間違いなのだ。

ヒトの一世代が変わるのは、およそ二五年だとしよう。生物進化は、遺伝子に起こる変化のことなので、世代が変わったときに、前世代と比べて遺伝子の状態がどのように変わったかを見ればよい。そうすると、ヒトという生物にとって、生物進化のチャンスは二五年に一度しかないことになる。一万年で四〇〇世代。少しずつ遺伝子が変わっていくためには、かなり長い時間がかかるのだ。

それにしても、最近の社会の変化は目まぐるしい。そして、まがりなりにも、人々はこの変化に対応している。変わっているのは、私たちのからだではなく、私たち自身が作り出している文化だ。文化とは、私たちが生活するためのもろもろの環境に対処するよう、私たち自身が作り上げたものだ。文化には、衣服や道具などの物質的なものもあれば、制度や宗教など、精神的なものもある。いずれにせよ、文化は、ある人間の集団に共有され、世代を超えて引き継がれていく。

そして、引き継がれていく間に、変異が起こり、あるものは集団全体に広がるが、あるものは起こっても消えていく。この点は、生物進化と似ている。しかし、文化の変容の伝達は、必ずしも世代を超えてのみではなく、同世代の中の他者へも、また、下の世代から上の世代へも広がっていけるところが、遺伝的進化とは異なり、それゆえに変容の速度が速い。

本書の原稿は、もともと、私が六週間に一回、『毎日新聞』の「時代の風」という日曜日のコラムに書いていたものだ。このコラムの執筆を始めたのは二〇一六年であり、その当時、私は、ヒト（ホモ・サピエンス）の進化の主要な舞台であった、狩猟採集民としての生活において形成されたヒトの性質に重きを置いていた。この観点そのものは、今でも変わりはないのだが、現在では、先に述べたような文化進化がヒトの心理に及ぼしている影響に関して、以前よりもずっと重要だと見積もっている。

「時代の風」で述べた考察をもとに本書をまとめるにあたって、新たに指摘すべき点として、このことを挙げておきたい。

第一章　進化からヒトを見る

【第一章　進化からヒトを見る】

人類を進化の観点から見てみると、最近の数百年から数十年における社会の変化にはすさまじいものがある。それは、人権などの概念の発達もあるが、科学技術の発展による変化が大きい。

たとえば、電子レンジと冷凍食品のような技術が発達すると、家族が同じときに同じ場所で同じものを食べる、という制約がはずれる。それは、おとなの個人の自由な行動の幅を増やすが、家族で一緒に食事するという機会を減少させ、そのような場でつちかわれてきたものを消滅させる。

スマートフォンなどの情報機器が発達すると、おとなの個人はいろいろな面で重宝する。しかし、こんなものを始めから与えられた子どもは、どんな暮らしをするようになるのか？　昨今の電車の中の光景は、私には異様に思える。どんなに混雑していても、そこで何が起こっても、絶対にスマホの画面から目を離さないおとなとは、なんなのか？　それが小さな子どもにまでおよび、子どもの育ち方が根底的に変わってきている。

自然人類学者として、それらを、現代の社会の変化の一つとして軽く見るのではなく、人類進化史的に見て、まったく新しい次元の大変化だと認識して欲しいのだ。

過去二〇万年は「最近」か？

私は講演などで、「最近の二〇万年」という言い方をよく使う。ほとんどの聴衆は二〇万年を「最近」だなどとは思わないのであきれてしまう。しかし、生物進化では、経済の動向などとは異なり、二〇万年は比較的短い時間なのである。

私の専門は、動物の行動と進化の研究だ。もともと人類学の出身で、人類にもっとも近縁な動物であるチンパンジーの研究をしていた。その後、シカ、ヒツジ、クジャクなど、人類とは遠い動物の研究を経て、今は、ヒトの行動と心理を研究している。この分野は、人間行動生態学、進化心理学などと呼ばれる。

現代の社会には、実にいろいろな問題がある。ネットやソーシャルメディアなど、新しい情報・コミュニケーションのツールが普及したことから派生する諸問題、昨今話題の保育所が足りないことなどをはじめとする、働き方や暮らし方の問題、いじめ、自殺、児童虐待、介護などの社会関係にまつわる問題、エネルギー・食糧・環境問題、テロや紛争などの国際問題などなど。

これらはみな、今の最先端の社会が抱える問題である。しかし、これらきわめて現代的課題の解決策を考えようとするとき、「最近の二〇万年」の視点を持つことは、とても重要だと私は思うのである。

私たちヒトはホモ・サピエンスという生物である。サピエンスが出現したのは、今からおよそ二〇万年前、アフリカの一角でのことだった。そのころの人々は、狩猟採集をしながら移動する暮らしをしていて、電気、ガス、水道は当然存在せず、家を建てることもなかった。だから、私たちとはまったく異なる存在だと思われるかもしれない。が、からだも脳も基本的な遺伝子構成も、今の私たちと同じである。

実のところ、ホモ・サピエンスは、二〇万年前に出現して以降の一九万年間、全員が狩猟採集生活をしていた。およそ一万年前に、一部の社会で農耕と牧畜が始まったが、すぐに世界中の人々が農耕牧畜の定住生活に変わったわけではない。それからだんだんに都市文明が始まり、長い時間をかけて、ほぼ全世界の人々が狩猟採集生活をやめた。

現代の科学技術文明の先進国に暮らす人々も、アフリカの農耕民も、南米の奥地で今でも狩猟採集を続けている人々も、そして、二〇万年前の化石のヒトも、みな同じからだと同じ脳と、基本的に同じ遺伝子構成を持っているのだ。

つまり、この二〇万年で大きく変化したのは「技術」であり、私たちのからだや脳ではない。今の技術と比べれば粗末に見える石器ややりを作りだした何万年も前のヒトの脳は、すでに、今の私たちの脳と同じであった。二〇万年前のホモ・サピエンスの集団に生まれた赤ん坊を、タイムマシンで現代の先進国の家庭に運び、養子にして育てれば、その子の好みによっては、コンピューターオタクにも、ジャズミュージシャンにもなるだろう。

技術は私たちの脳が生みだすもので、それがみんなに共有され、改良が蓄積されて次世代に受け継がれていく。だから、技術は速い速度で進歩する。ところが、脳やからだや遺伝子は、それと同じようには進化しない。飛行機という技術は、短時間で私たちを遠くに運ぶが、からだはそれに追いつかないのと同じである。

ヒトの脳は、言語を駆使した論理的思考によって、さまざまな問題を解決し、技術を改良するアイデアを生産していく。そして、次の世代は、その成果を習って、そこから先へと進んでいくことができる。しかし、感情、情動、欲求の部分はどうだろう？　ポテトチップやドーナツはおいしいが、たくさん食べ続けると健康を損ねる。では、そのことをきちんと理解すれば、次の世代はそれを習ってやめられるのだろうか？　そんなことはない。他人のものを盗んではいけないし、いじめをしてはいけない。法律も警察もあり、悪いことだと理解されているはずだが、なくならない。

理解することと欲求とは別であって、欲求の方は、「最近の二〇万年」どころか、もっと以前からの進化で作られてきた。その欲求のあり方と、急速に発展した技術が生みだした現代社会のあり方とのギャップが問題なのである。本書では、現代のさまざまな問題を、進化という別の視点から考えていきたい。

なぜダイエットは難しいのか？

私たちはなぜ甘いものが好きなのか？　なぜ塩味や油脂が好きなのか？　もちろん、人によって好き嫌いはあるものの、多くの人は甘いお菓子を好み、ゆで卵には塩をかけたいと思い、フライドポテトや霜降り肉が好きである。

ヒトにこのようなあらがいがたい嗜好（しこう）があるのは、糖類も塩も油脂も、私たちの生存上は非常に重要な要素なのに、これらがふんだんに手に入ることなど、人類進化史を通じてほとんどあり得なかったからだ。非常に重要で、かつ、めったに手に入らない栄養であるので、それに対する格別の好みが進化した。幸運にも手に入った時には、できるだけそれを摂取せよというのが遺伝子の要求だ。

糖分も塩も油脂も、私たちがそれを強く欲するがゆえに、この一〇〇年余りの文明において、これらをあり余るほどに生産する技術が開発され、安く市場に出回るようになった。ところが、遺伝子の要求水準は依然として高いままに設定されている。なぜなら、進化史において、これらが必要以上に存在するという状況はなかったのだから。これでは、欲求に歯止めをかけるメカニズムは進化できない。人間が自分自身で開発した文明において、短い時間のうちに供給サイドを大幅に拡張し、摂取に歯止めがきかない状態を自ら作りだしてしまったのである。

一八世紀の啓蒙思想家のルソーは、週に一度だったか、就寝前にとても濃い砂糖水をなめるのが楽しみだったそうだ。ほんの二五〇年ほど前、当時の豊かな西欧文明においてさえ、砂糖はそれほど貴重だったのである。ルソーがコンビニに並ぶ大量の安いお菓子や清涼飲料をながめ、メタボの子どもたちを見たならば、心底仰天するに違いない。

甘いものを食べ過ぎてはいけないという認識は、教育と情報提供によってかなり広がってきた。しかし、目前の欲求はいかに強いものか。だからダイエットは難しいのである。

ダイエットが難しいのには、もう一つ理由がある。今お菓子を食べるのは現在の確実な満足だが、ダイエットが功を奏するのは将来の不確実な満足である。現在と将来の楽しみを比較すれば、まずは現在の楽しみが優先され、将来は割り引かれる。この現象はヒトに限ったことではなく、多くの動物がそうであり、時間割引と呼ばれている。

今チョコレートを一つもらうか、明日二つもらうか、どちらがよいかと問われたらどうするだろう？　今日一〇〇〇円もらうのと、一週間後に三〇〇〇円もらうのではどうか？一年後の一〇万円では？　遠い将来になるほど不確実さが増すので、喜びは割り引かれる。

しかし、割引率は誰でも同じではない。例えば、今切羽詰まった状態にある人ほど時間割引率は高い。今困っている人にとって、一週間後の満足などは無に等しい。コストの方も同じように時間割引されるので、今一万円借りられれば、一週間後に法外な利息がつくことは割り引いてしまう。

また、一般に青少年は成人よりも時間割引率が高い。青少年は自分自身の成長のために、貪欲に資源を得ていかねばならないライフステージなので、成人よりも「今、ここ」を重視するよう、進化的につくられているのである。そこで、万引きやけんかなどの衝動的な犯罪の率も、青少年の方が成人よりも高い。今欲しいものを手に入れること、今競争に勝つことが、将来の他の喜びよりも重要だからである。

欲求や情動は、ヒトの進化の過程で作られてきた。だから、甘いものはおいしいし、目前の楽しみは将来の楽しみに勝る。しかし、私たちの脳は、欲求や情動が一人で勝手に采配をふらないようにする装置も持っている。それが前頭葉（ぜんとうよう）だ。目の上の、おでこの奥にある脳の部分である。

前頭葉は、欲求や情動やさまざまな感覚器からの情報を集め、これまでに学習した知識を思い出し、現在と将来を比較して、全体を総合的に判断する。脳の進化の中では最後に現れた部分で、ヒトは脳全体に対して最も大きな前頭葉を持っている。欲求や情動は、生きる動機付けを与える原動力である。その上で、前頭葉が総合判断をするわけだが、そのことが分かっていれば、やみくもに「理性」を信じるよりも、人間がよりよく理解できると思うのである。

ジェンダーについて思うこと

クジャクというと、普通は誰もが雄のクジャクを思い浮かべるだろう。そう、あの美しい長い飾り羽を広げた姿である。もしかすると、雌のクジャクがどんな姿をしているか、思い描けない人さえおられるかもしれない。隣には派手な飾り羽はなく、全体の色も地味である。

雄のクジャクの飾り羽は雌に対する求愛のディスプレーのためだけのものだ。それ以外の意味はない。雌はあんな羽なしでも十分に生きていけるのだから、「生きる」という意味での機能はないのである。配偶の季節になると、雄は朝から晩まで羽を広げて震わせ、雄を誘う。本物の雌が目の前に来たのではなく、スーパーの袋が風に飛ばされて来ただけでも、それに対して羽を震わせる。強い風が吹くと、おっとっとと倒れそうになりながらも、ディスプレーを続ける。

雌は、そんな雄たちを横目で見ながら餌をついばみ、ほとんどの雄の努力を無視する。配偶すると決めたら、意中の雄のところに一直線。あとはひとりで卵を産んで、ひとりでヒナを育てる。父親である雄とのつきあいなど一切なく、雄も、「父親」という感覚とは全く無縁だ。

ニホンザルの群れには「ボス」という雄ザルがいて、この雄ザルが群れを取り仕切っていると、よく言われる。しかし、本当のところ、ニホンザルの集団の核は雌たちであり、おとなの雄は、いろいろなところからやってきた寄せ集めだ。群れで生まれ育った雌たちのグループが受け入れてくれる限りはよいが、そうでもなくなると、雄たちはまた群れを出てどこかに行ってしまう。雄とは、そんな流浪の存在である。

私は長らく、いろいろな動物の野生状態における配偶と繁殖の行動を研究してきた。ニホンザル、チンパンジー、シカ、ヒツジ、クジャク。私の研究対象は大型の脊椎（せきつい）動物ばかりだが、小さな無脊椎動物についても、雄と雌の区別がある動物の行動については、常に広く研究結果を把握してきた。そうして思うのは、雄と雌とは、種は同じであっても、全く異なる戦略の動物だということである。

私の世代のフェミニストたちは、普通、シモーヌ・ド・ボーヴォワールの『第二の性』を出発点とし、この書をフェミニズムの一種の「聖典」としてきた。しかし、学部の三年生から野生ニホンザルの繁殖行動を観察してきた私には、一方で、おおいに共感する論点はあるものの、なんともぬぐい去ることのできない違和感も持った。

生物が増えていくには自分自身を分裂させればよいので、雄と雌はいらない。そのようにして雌雄の区別なしで増えることを無性生殖と呼ぶ。これが原初の姿であった。それが、栄養をたっぷり持っているが、数は少ない「卵」というものを生産する個体と、栄養は全くなく、速く動き、短命だが数だけは膨大にある「精子」というものを生産する個体とに分かれた時、有性生殖が始まった。前者が雌で後者が雄である。

しかし、受精のためには卵も精子も一つずつしかいらないので、数にアンバランスが生じた。精子は、卵をめがけて競争し、卵は最適な精子を選抜する。そこで、大量に余っている精子を生産する雄と、栄養をたっぷり与えた少数の卵を生産する雌とでは、とるべき最適戦略が異なるのである。だから、雄と雌はあらゆる面で異なってくる。

ヒトも有性生殖生物の一員なので、一〇億年余りという有性生殖の進化史を背負っている。それを無視して、ここ数百年の文化的なジェンダー概念だけで男女差別などを論じることに、私は生物学者として違和感を覚えるのだ。男と女は決して同じ存在ではない。生物学的な違いとその存在理由を理解することは、男女の平等や働き方や子育て支援政策などを考える上で、基本的な知識であると思う。

ヒトにはヒトの進化史があり、男と女がおかれてきた繁殖の環境は、クジャクともチンパンジーとも異なる。だから、ヒトの進化史における男と女のあり方を知らねばならない。一方、ヒトは「自由」や「平等」や「福祉」といった抽象概念を価値あるものと考えて社会を作ってきた。これらを尊重しようとするなら、生物的存在としての性差を知った上で、それらの実現をめざす方策を考えるべきだと思うのである。

「ジェンダーについて思うこと」その後の補遺

男女の性差やジェンダー概念については、とかく論争が多い。私は生物学者なので、生物学的性差が生み出される機構とその進化的理由について熟知している。だから、ヒトの性差の存在についても、単にヒトが文化的に作った社会的概念が生み出した副産物に過ぎないとは思っていない。

そう言うと、私が、「性差は生物学的に決定されているものだ」、「性差があるから性差別があるのも当然」といったような意見に賛同しているかのように思われるかもしれない。が、それは違う。当初この論考を書いたときには、字数の制限もあり、言い尽くせなかったことがある。しかし、誤解を防ぐには、より詳しい説明が必要なので、この論考には補遺をつけ加えたい。

生物学的性差がなぜ生じるのかは、栄養を持たずに莫大な数が存在する精子を生産する雄という存在と、栄養をつけて数が限定されている卵を生産する雌という存在が、それぞれ、自分の繁殖成功度を上げるためにとるべき戦略が異なることに起因する。この卵と精子の数のアンバランスは、すべての有性生殖生物に共通だが、私たちヒトを含む哺乳類は、雌が子を胎内で育て、出産後に一定期間授乳するという繁殖方式をとっている。つまり、繁殖に関する雌のコストは、雄に比べて圧倒的に大きいのだ。

私は、この事実は、ヒトを含むすべての哺乳類にとって、雌の繁殖戦略の選択可能性を制限する非常に大きな要因であると考える。つまり、女性は子を妊娠し、出産し、授乳しなければ、子が育たない。一方、男性は妊娠、出産、授乳のコストを負わない。この違いは、哺乳類としての宿命であり、このコストの差異は、両性間の戦略に大きな違いをもたらす。

ここで、「戦略の違い」と言っている意味は大きい。それは、雌雄で、繁殖に関して置かれている条件が異なれば、その違いに応じて「戦略」に違いが生じる、と言っているのであって、性差が固定されて存在すると言っているのではないからだ。過去六五〇〇万年の哺乳類の進化史において、雌は大きな繁殖コストを負い、雄は精子を渡すだけという状況であった。それが原因で、さまざまな性差が生じた。その結果は、ヒトのからだや脳の働きにも痕跡を残している。しかし、条件が変われば、戦略も変わる。女性が生物学的に果たしてきた、妊娠、出産、授乳という仕事を、完全に人工的なプロセスに置き換えられるようになれば、女性がとることのできる行動戦略の幅は増大するに違いない。

そして、多かれ少なかれ、技術はそのような女性の負担を軽減する方向に進展してきた。人工保育も離乳食も、母親自身の生物学的負担を軽減するものであり、さまざまな医療技術もそうである。しかし、男性が子宮を持たない限り、男性が妊娠・出産をすることはできないし、ヒトのすべての繁殖を、完全に人工的なプロセスにすることは、まだできていない。

さらに、もしできるとして、それがヒトという生物にとって「好ましい」ことになるのかどうかもわからない。先に述べたように、生物進化の速度は非常に遅いので、私たちが文化によって技術を生み出しても、ヒトの脳に組み込まれている進化の産物は、それと同じペースでは変化しないのだ。

いろいろな技術的発展が可能になってきた現在、繁殖に関しての生物学的制約を完全に取り払う方向に向かうのがよいことなのかどうか、じっくり考えて方策を決める必要があるだろう。

妊娠・出産・授乳のコストを負わなくてもすむ男性は、繁殖にかけるコストが少ないので、繁殖以外の行動にさまざまなエネルギーを費やすことができる。その結果、男性の活動は、ヒトという集団全体にとって有利になることも、ならないことも生み出してきた。そして、社会において権力を握ってきたので、いかに開かれた現代の社会であっても、歴史的経緯から、基本的には男性に都合のよいように作られている。暮らし方、働き方そのものが、繁殖コストの少ない個体がやることを基本に設計されているのだ。

女性が妊娠・出産・授乳という繁殖行動を担っている生物学的事実を、ヒトにとって重要なことなのだと考えるならば、その違いを認識した上で男女の平等を実現する方策を考えねばならないだろう。

私が、性差を知った上で社会を設計せねばならないと考えるのは、(1)哺乳類としての進化の結果として、ヒトの女性の形態、生理、脳の働きなどが作られているということ、(2)それゆえに、男性と女性では繁殖にかけるコストが大きく異なり、女性の行動選択のオプションは男性に比べて制約が大きいこと、(3)これまでの社会のほとんどは、繁殖コストの少ない男性にとって心地よいやり方で作られてきた、(4)ここで男女平等を実現するには、ヒトとしての繁殖コストを社会でどのように分担するのかを、技術の発展も含めて考え直す必要がある、という点である。

なぜ誰かと一緒に食事をするのか？

一人の食事はさびしい。私自身、やむを得ず一人で食堂に入ることもあるが、なんともわびしい感じがする。同じように一人で食べているほかの人たちを観察してみると、みんなスマートフォンを見るなど、何かしながら食べている。食べてはいるが、決して食事を楽しんではいない。

進化の歴史から見ると、ヒトの食事は必ずやみんなでとるものだった。およそ二〇〇万年前、人類の祖先が開けたサバンナに進出していったとき、動物を狩ることも、植物性の食物を採集することも一人ではできず、仲間と一緒に行った。そして、食料をキャンプに持って帰り、みんなで分けて食べた。

二〇万年ほど前から、私たちヒト（ホモ・サピエンス）が進化したが、ずっとこのような狩猟採集生活だった。獣でも魚でも、たんぱく源になる動物を捕獲し、食べられるように加工するには手間がかかる。種子、地下茎、葉などの植物性食物も、そのまま食べられることはほとんどない。あく抜き、毒抜き、煮て軟らかくするなど、なんらかの加工が必要である。これらの作業には火が必須だ。ガスなどないのだから、火をおこすのはこれまた大変な仕事。かくして、みんなが炉のまわりに集まって食べることになる。

一万年前に農耕と牧畜が始まった。しかし、とれたものを調理して食べる「食事」という行為の本質は変わらない。家族が炉のまわりに集まってみんなで食べる。家族以外の人間がそこに加わることもあるが、ともかく、食べるときは一人ではない。

文明が進むにつれ、材料の確保から加工までの過程が細かく分解され、それぞれが産業として分業化されていった。最終的に食材は食品として店で売られるようになり、人々はそれらを買ってきて、それぞれの家で食事を作るようになった。それでも、家に「炉」は一つしかないので、調理はそこでまとめてせねばならない。そこで、家族は一緒に食べることになる。

すべての動物は何かを食べねばならず、食べること自体は、各個人の栄養とエネルギーの摂取であり、それは個体の行動である。しかし、ヒトにおいては、食べることは社会行動でもあったのだ。誰かと一緒に食べることは楽しいし、一緒に食べる相手がいるときの方が、一人のときよりも食が進む。食事に招待するのはおもてなしであり、親密さの表現でもある。

最近、食事の様子がどんどん変化している。材料から自分で調理して食事を作る人が減ってきた、家族でもみんなばらばらで好きなときに好きな物を食べる、ほかの人から離れてわざわざ一人で食べる「個食」、子どもが家に帰ってきても誰もいないので一人で食べるなどなど、食習慣の変化に関する指摘は多い。

背景にはいろいろな社会の変化があるが、こんなことを可能にしたテクノロジーの発達の影響は大きいと私は思う。それは、電子レンジ、冷凍・加工食品、ペットボトルである。電子レンジは、いちいち火をおこさなくても簡単に食事ができるようにさせる技術である。ガスレンジもたき火に比べれば簡単だが、「チン」とやってすぐに食べ物が用意できるわけではない。

電子レンジをフルに活用するには、冷凍または加工のレトルト食品を作る技術が必要で、それは、電子レンジの普及と手に手をとって発達した。このようなものが安く手に入るようになれば、食事を作ることは非常に簡単になる。そして、誰もそれを期待していたわけではないが、みんなが集まって同じ時間に同じ物を食べなくても暮らせるようになったのである。

ペットボトルという技術は、自分の好きな飲み物を持ち歩いて、好きなときに飲むことを可能にした。こんなものがなかった時代には、「お茶を飲む、お茶を出す」のも火を使って準備するものであり、「お茶の時間」は、複数の人々が集まってする社会的行為だった。ペットボトルがある今は、その必要はない。

食事を作る手間を省きたい、簡単に食べたいという要求は、忙しく働く環境からの要請である。その結果、電子レンジや加工食品やペットボトルという技術が生まれた。しかし、これらの技術は、まったく意図せずして、ヒトの「食べる」という行為から社会性を奪っている。

なぜ全世界にヒトがいるのか？

私たちホモ・サピエンスという動物は、今から二〇万〜三〇万年前にアフリカで進化した。その後、アフリカを出て急速に広がり、南極大陸を除く全世界に分布するようになった。熱帯から寒帯まで、低地から高地まで、ヒトはあらゆる環境に進出している。

動物の一種としては、これは驚異的なことだ。何でも食べることで有名なドブネズミでも、こうはいかない。なぜ、ヒトはこれほど多様な環境に住めるのか？

その答えは、ヒトが持つ文化の力である。クマの仲間は熱帯から北極にまで生息している。熱帯のマレーグマは毛が黒くてからだは比較的小さい。温帯から亜寒帯にすむヒグマはからだが大きく、毛が赤茶色。ホッキョクグマになると、からだが大きいばかりでなく毛が白い。普通、動物が異なる環境にすむには、異なる形態の進化が必須だ。

しかし、ヒトは、自分のからだがそれほど変わらなくても、自ら生み出した文化によって対応してしまう。北極に進出するには、ホッキョクグマを狩ってその毛皮を着ればよいのだ。ホッキョクグマの毛皮を着れば寒くなくなると気づいた一人が、気づかなかった他人に教えてあげれば、瞬く間に全員が寒冷地に進出可能となる。もちろん、話はこんなに簡単ではないが、文化伝達の効用は絶大だ。

それはさておき、ここで取り上げたいのは、ヒトはなぜこんなに全世界に広がったのか、ということだ。アフリカで誕生したホモ・サピエンスは、ほんの一握りの少数でしかなかった。初めから一〇〇万人以上いたわけではない。そして、アフリカは広い。窮屈だったはずもないのに、なぜアフリカを出て他の世界に行こうとしたのだろう？

アフリカを出て、アジア、ヨーロッパ、オーストラリアまで行く。シベリアからベーリング海峡を渡り、北アメリカ大陸に進出し、そこから南下して南アメリカの最南端まで行く。アジアから海に進出し、太平洋の島々に拡散する。それが、ほんの数万年の間に成し遂げられたのだ。

生態学的に必須ではないとしたら、なぜホモ・サピエンスは、先へ先へと旅したのだろう？　今の旅とは比べものにならないくらい危険だったにもかかわらず。

それは、ヒトという生物が根源的に持っている好奇心なのだと私は思う。あの山の向こうには何がある、という好奇心。物事の因果関係というものを理解し、明日という未来を想像することのできる存在は、未知のものをわかりたい、知りたい、見たいという気持ちになるのだろう。だからヒトは、世界中に分布を広げ、現象の説明を探し求め、よりよい道具を発明し、さらにそれらを改良し、現在の文明にたどり着いた。

食べることは楽しみ、セックスは楽しみ、仲間がいるのは楽しみであると同様に、見ること、知ること、わかることは楽しみなのだ。南米のパラグアイに住む狩猟採集民のアチェという人々の男性は、生涯に一万二〇〇〇平方キロの範囲を行動するという。ヒトは渡り鳥ではないし、単に毎日の食料を追いかけているだけで、これだけの面積を移動する必然性はない。では、なぜこんなに歩き回るのか？　やっぱり、あの先に何があるのかを見たいのだ。

ニホンザルの子どもたちも、結構いろいろなことに興味を抱く。彼らにも、ときには新しい「文化」と言える行動が出てくるが、それはたいてい若い個体による発明だ。

ヒトの子どもは本当に何にでも興味を示し、「なぜ？」を連発する。それには答えてあげねばならない。子どものときの単純な「なぜ？」に導かれて、どれほどのものを見たか、触ったか、経験したか、その蓄積が、おとなになったときの心的世界のもとになるのだ。

今や、電車の中でもどこでも、子どもがスマートフォンを見ている。視覚的に引きつけられるので、そちらに注意が向くのだろう。そうすると、ほかのものに注意を向ける時間が減る。つまり、経験の幅が狭くなる。それはとてももったいないことだと思うのだ。

子どものときの感性の鋭さは独特である。そんな時は二度とない。スマホの画面ではなく、現実世界の多様さとおもしろさを経験させてあげて、この好奇心を健やかに育ててあげるのが、ヒトのおとなの義務ではないかと思うのである。

ヒトの骨と信頼関係

私は、いろいろな動物の研究もしてきたが、もとは自然人類学の出身である。人類学というと文化人類学が有名だが、私の専門はそちらではなく、生物としてのヒトの進化を考える自然人類学の方だ。

自然人類学を専攻できる大学は、日本には非常に少ない。その代表が東京大学と京都大学だ。いずれも定員が一〇人以下なので、日本で毎年誕生する自然人類学者の数は、たかが知れている。だからなのか、あまりその存在が世に知られてはいない。

しかし、人類学の研究は、私たち自身に関するものなので、もっと注目されてよいと思う。また、科学と社会との関係を考える上でも、重要なトピックに事欠かない。自然人類学は、ヒトの進化を探究する学問だが、そのルーツは、ずっと以前からある。それは、この地球上に住んでいるさまざまに異なる人々、つまり、人種の違いの研究であった。

ヨーロッパはアフリカと近いので、黒人がいることは昔から知られていた。それが、大航海時代の探検により、さらにいろいろな人々がいることがわかった。アメリカ大陸の先住民なども、こうして新たに「発見」された人々だった。

その後、世界は、西欧による征服と植民地化の波にのまれる。その中で、ヒト集団の多様性を明らかにしていくはずの人類学は、人種を区別し、人種間に優劣をつけ、西欧が他の人種を征服することを正当化する根拠を提供していった。

人類の集団間の違いを測定しようとすれば、標本が必要だ。人類学者は、生きている人々も計測するが、古い骨も欲しい。そこで、各地で骨の発掘がなされるわけだが、そこには、先住民たちの墓をあばいて骨を持っていくというような行為も多数含まれていた。米国では、アメリカ・インディアンと呼ばれた人々、オーストラリアではアボリジニの人々、ニュージーランドではマオリの人々が、祖先の遺骨や文化遺産を持っていかれた。西欧の博物館に収蔵されているもののほとんどは、このような収奪の結果である。

日本では、東大や京大をはじめとする人類学者たちが、明治、大正、昭和にわたって、アイヌや琉球の人々の骨を持ち去った。初期の収集と研究には、他者に対する配慮が欠けていたし、当時の人種観があからさまに表れていた。

今や、そういう時代は終わった。現在の人類学者で、ヒト集団間の違いを優劣で考える人は誰もいない。しかし、私を含めた人類学者は、自分たちの学問がたどってきた道筋をよく知り、この分野が持つ社会的意味を、自らのこととして考えるべきなのだと思う。

米国では、一九九〇年に、「アメリカ先住民の墓の保護と遺物の返還に関する法律」が作られ、国有地で発見され、国費で補助を受けている機関が持つ遺物は先住民に返還することとなった。

一九九六年、ワシントン州の河原で発見されたケネウィック人の骨は、九〇〇〇年ほど前のものだ。この人骨の研究は、アメリカ先住民がどこから来たのかを解明する上で非常に貴重である。

しかし、当然ながら、先住民の団体は、法律に基づき、返還を要求した。では、ケネウィック人は誰の祖先なのか？　遺伝子解析をするには骨の一部を破壊しなくてはならないので、先住民の反対もあった。しかし、新しい遺伝子解析の技術を使って調べた結果、ケネウィック人は現在のワシントン州周辺に住む先住民ともっとも遺伝的に近いことが二〇一五年に判明した。

そして、紆余曲折（うよきょくせつ）を経て、とうとう二〇一七年二月、ケネウィック人の骨は先住民連合に返還され、埋葬が行われたのである。このような返還は、世界各地で行われ始めている。

日本でも、アイヌや琉球の人々の骨の返還を求める動きは以前からある。研究のためには資料は不可欠だ。研究の成果は人類全体の知識を増やし、自然への理解を深めるだろう。しかし、異なる文化の人々の伝統や世界観も、十分に尊重しなければならない。そこで対立を先鋭化させないためには、現在の研究者と先住民との間に、強い信頼関係がなければならない。

互いに平等な相手として尊重しあう、互いに相手の考えに耳を傾ける、両者の価値観の違いを乗り越える方策を探る、という地道な努力が不可欠である。

第二章　少子化は止められるか?

【第二章　少子化は止められるか？】

　本章は、とくに前章のジェンダーの話題と関係が深く、ヒトという生物が子どもを産み育てていく状況が、つねに親以外の多くの人々を巻き込む「共同繁殖」であったことに焦点を当てている。

　前章のジェンダーのところでも述べたが、雄とは、栄養を何も持たずに莫大な数が存在する精子を生産する個体であり、雌とは、栄養を持っているが数が限定された卵を生産する個体である。哺乳類の場合、雌が胎内に子を妊娠して栄養を与え、その子を出産したあとも一定期間授乳することで子育てをする。

　しかし、ヒトという生物の子育ては非常に長期にわたる大仕事であり、これは、母親のみ、または父と母の両親のみでできることではないのだ。ほとんどの哺乳類は雌だけが子育てし、雄は何もせずに雄どうしの闘争に明け暮れている。しかし、哺乳類のほんの数パーセントでは、父親を含む両親が子育てし、そのうちの多くは、両親のみならず、他の血縁・非血縁の個体も子育てに関与せねば子が育たない。ヒトは、そのような稀（まれ）な繁殖形態の動物なのだ。

現代の日本が直面する少子化の問題を議論するにあたって、このことを考慮の前提としていない議論がほとんどである。そういう議論は、この数十年の「専業主婦」という存在を念頭に、ヒトの子どもは、本来、母親だけで育てられるものなのだということを大前提に考えている。本来はそうなのに、昨今、母親がパートその他で働くようになると、誰かがめんどうを見なくてはいけなくなるので、「保育所」がいる、という議論の流れだ。

しかし、そうではない。そもそも専業主婦などという存在は、人類史の数百万年にわたって存在しなかった。いつでも、どこでも、母親はつねに働いていたのであり、子どもは、血縁・非血縁を含む多くの人々がかかわることによって育ってきたのだ。現代社会で母親が働くのは、働き方の形態こそ昔とは異なるものの、当たり前のことなのである。そういう認識なしに、お母さんたちに働いてもらうには、現代社会として何か特別な処置をしなければならないのだと考えている前提が、そもそも大間違いなのだ。

　ヒトは共同繁殖の動物である、ということは、進化人類学がもっともっと声を大にして主張するべき事実だと私は思う。

少子化、進化生物学の謎

日本の少子化はどんどん進行し、多くの人々が危惧している。一人の女性が一生の間に産む子の数である合計特殊出生率は、二〇一八年は一・四二になった。一時よりは上昇したものの、低い値であることに変わりはない。しかし、世界中どこの国でもみんな、少子化は起こっているのである。

生物は元々、生き残る子どもの数を増やそうとする性質を備えているとするならば、少子化は生物学的には不思議な現象だ。特に、持てる資源が増えて全体としては豊かになっているのに、持つ子どもの数が減るというのはおかしいのではないか？

少子化がなぜ起こるのかは、進化生物学の世界でも長らく謎とされてきた。しかし、人間という生物は、「最近の二〇万年」どころか、この一〇〇年ほどという短い期間に、自らエネルギー資源を開拓し、周囲の自然環境を激変させ、医療を発達させて死亡率を劇的に低下させてきた。こんなことをしている生物は他にないので、人間の繁殖戦略の説明は、他の生物の繁殖戦略と同じ枠内で考えられる部分と、そうでない部分があるに違いない。

生物の体の大きさ、一度に産む子どもの数、子どもの大きさや死亡率、寿命などは互いに関連していて、種ごとにだいたい決まっている。動物で言えば、だいたいにおいて、体の小さい動物は一度に産む子どもの数が多く、生まれた子どもは小さくて死亡率が高い。そして、そういう動物は寿命が短い。いわゆる多産多死・短寿命型である。一方、体の大きな動物は一度に産む子どもの数が少なく、子どもは大きくて死亡率が低い。そして寿命が長い。つまり、少産少死・長寿命型である。哺乳類で言えば、前者の代表がネズミ、後者の代表がゾウだ。

日本の乳児死亡率は、一九五五年には一〇〇〇人当たり三九・八人だったが、二〇〇〇年代にはほとんど二人になった。日本人の平均寿命は、一九五〇年代には男女ともに六〇歳代だったのが、二〇一三年以後は男女ともに八〇歳を超えている。そして、日本人の合計特殊出生率は、一九四七年には四・五四だったのが、二〇一八年には一・四二になった。この七〇年ほどでこれほど大きな変化が起こったのだ。実際の数値にはいろいろあるが、この傾向は世界中で同じである。つまり、人間は多産多死・短寿命型から少産少死・長寿命型へと変化しているのである。

野生生物を見ると、多産多死・短寿命型の生物は、環境変動の幅が大きく予測がつきにくいが、空きの多い生息地に住んでいる。一方、少産少死・長寿命型の生物は、環境が飽和していて空きがなく、子ども同士の競争が激しい。多産多死の生物は子どもの世話はほとんどせず、子の運は天にまかせる。少産少死の生物は子どもに競争力をつけるために、しっかりと子の世話をするのである。

この状態は人間にも当てはまる。すなわち、昔は都市も少なく、それぞれの地域社会があり、貨幣以外でも物やサービスが動き、情報も少なく、学歴も低く、その日暮らしが多かった。しかし、現代社会は都市生活者が多く、高い学歴が求められ、情報の流通も激しく、貨幣が一番で、高度な競争社会である。つまり人間は、この一〇〇年ほどで高度知識基盤社会と呼ばれるものをつくってきたが、それは必然的に少産少死・長寿命型で高度に競争的な社会をつくることだったのだ。

野生の動植物はどれも、資源が豊かになれば、資源が少なかった時よりも多くの子を産み育てる。例えばシジュウカラの夫婦は、餌が少ない年には一回に三、四羽のヒナしか育てられないが、豊かな年には六、七羽育てることもできる。それは、暮らしの全般的状態が同じである中で、餌だけが多くなったからだ。餌が多い年も少ない年も、一羽のヒナを育てるのに必要な栄養量は変わっていない。そこで、豊かな年には多くの子を育てられる。

ところが、人間では、文明が進んで国内総生産（ＧＤＰ）が増えるとともに、生活水準が上がり、必要な消費財の購入も増え、貨幣の重要度は増し、社会は複雑化し、学歴は高くなり、子どもに対する投資も劇的に増えたのである。昔のような社会のままで資源だけが増えたのではない。資源は増えたが、使い道も増え、使い方も変わった。だから、少子化は全世界の傾向なのである。

共同繁殖のためにできること

引き続き、少子化の話題である。二人のおとなが一緒になって子どもを作るのであるから、夫婦が最低二人の子どもを残さなければ、人口は減少に向かう。少子化だけでなく、合計特殊出生率（一人の女性が一生の間に産む子の数）が二人を切ったというので、「問題」なのだ。

さて、何が問題なのか？　社会全体のレベルと個人レベルと、二通りの異なる問題がある。社会全体としては、将来人口が減少すれば税収が減り、労働力人口が減り、年金を払う人が足りなくなるなど、社会システムが大きな変革を迫られる。つまり、今のシステムをこれまで通りのやり方で続けていくことはできなくなる。だから問題なのだ。

個人レベルではどうか？　子どもが欲しいと思っているにもかかわらず、持てないという人々がいる。そういう人たちにとっては、この状況は個人レベルで切実な問題であるが、彼らの望みをかなえてあげられれば、その人たちが満足するだけでなく、社会レベルの問題をも解決する役に立つだろうと期待されている。

そこで、子どもを増やすための一つの方策として、保育所の拡充がある。今の社会で親が働きながら子育てをするためには保育所が必須だが、十分ではない。待機児童の数が減らない。子どもが保育所に入れなくて頭にきたお母さんが「日本死ね！」と発信したことは、記憶に新しい。

保育所の数が足りないし、保育士の数が足りない。保育士の数が足りない理由の一つは、保育士の給与が安すぎることだ。さらに、新しい保育所を建てるにも多くの制約があり、その中には、住民からの反対というものさえある。

この問題を見ていて、私が進化生物学者として主張したいのは、ヒトという動物は共同繁殖の動物なのだ、ということである。ヒトは哺乳類なので、母親が子どもに授乳して育てる。九五パーセントの哺乳類はそれだけで十分で、父親という役割は存在しない。しかし、いくつかの哺乳類では、父親も子育てに参加しないと子どもが生き残れない。それは、キツネやタヌキなど小型の肉食動物が多い。

さらに、それでも足りない種類がある。両親のみならず、血縁者も非血縁者も多くの個体が一緒にかかわらなければ、子どもが育たない。これは共同繁殖と呼ばれる。小型の肉食動物ではアフリカに住むミーアキャット、サルの仲間では南米に住むタマリンの仲間が有名だが、哺乳類以外にも鳥類から昆虫までいろいろいる。ヒトは、そのような共同繁殖の動物なのだ。

共同繁殖でなければ子どもが育たない理由は、動物それぞれで異なる。ヒトの場合、脳が大きく、子どもの世話に多くの時間とエネルギーがかかり、学ぶべきことが多すぎるのが理由だ。すべてを親だけでまかなうことは不可能である。

人間が狩猟採集生活をしていたころから前近代社会まで、人々はまさに共同繁殖をあたりまえに行っていた。ところが、近代社会に移行する間に、一夫一妻の婚姻と核家族が普通となり、都市化によって職場と家庭が分離され、保育所、保健所、病院、学校など、子育てにかかわる機能が分業化された。そして、それぞれのサービスを買うために貨幣が必要になった。

この過程で人間社会は、ヒトという動物が本来、共同繁殖でなければ子育てができない動物であるという事実を忘れたのだと私は思う。子育ては親のみでするものである、それなのに、それができない人たちがいる、だから、そういう人々のために特別に予算を割かねばならない、と考えるようになったのだ。そう考えるからこそ、それは一種の「ぜいたく」なので、余裕がなければ取れない予算と考えるのである。

しかし、そうではないのだ。社会がいかに貨幣による市場経済と個人主義に変わろうと、両親以外の多くの個体がかかわらねば子育てができないという生物学的制約は消えていない。祖父母や親類、隣近所の人たちによる無償の共同繁殖体制が崩れたのなら、それに代わる公共サービスを提供しなければ、ヒトの子育ては成り立たないのだ。自分自身は子どもを持ちたくないと思っている人も含め、ヒトを育てるにはコストが当然かかるという認識を共有して、共同繁殖を保証する社会システムを設計しなければならないのである。

高齢化について思うこと

日本社会は急速に高齢化している。それは、街を歩いていても車を運転していても、日々感じられることだ。二〇一九年の内閣府のデータによると、日本の六五歳以上の高齢人口の割合は二八・一パーセントである。それに対して、〇〜一四歳の年少人口は一二・二パーセントに過ぎない。外であまり子どもを見ないという実感は正しいのだ。

高齢化が進んでいると言うと、ヒトという生物の寿命が本当に長くなったという印象があるようだが、そうではない。生物学的に見たヒトの潜在的寿命はもともと非常に長く、ヒトにもっとも近縁な動物であるチンパンジーと比べると、彼らの二倍は生きられるように作られている。

生きていると、細胞の中に必ず活性酸素が生じる。それが細胞の機能を少しずつ破壊し、死を招くもとになる。動物は、その活性酸素を捕まえて処理する酵素を備えている。その酵素のレベルと潜在最長寿命がきれいに相関するのだが、私たちヒトは、確かにチンパンジーの二倍も、この酵素を持っているのである。

つまり、何もなければ、ヒトという生物はもともと大変長生きなのだ。しかし、人生に何もないことなどない。伝染病、けが、戦争などなど、いろいろな災難が降りかかるので、多くの個体は潜在最長寿命を達成できない。ある集団の中で死んだ人の死亡時の年齢を平均したのが、その集団の平均寿命である。乳幼児の死亡率が高いと、平均寿命は二三歳などという数字になることもある。

これは、誰もが二三歳で死んでしまうという意味ではない。そんな社会でも、子ども時代を生き抜き、その後も不運にあわずに生きた人の中には、六五歳以上に達する人もいた。非高齢化社会であっても、一握りの高齢者はいつもいた。人生の途中に降りかかる数々の災難に対処する社会の能力が向上するほど、大部分の人が長生きできるようになり、平均寿命はどんどん延びてきたのである。

過去の人類の遺跡を見ると、一万年前でも「老人」の骨は出土する。狩猟採集など、現代の医療や福祉制度の恩恵を受けていない伝統小規模社会が、世界中にはいくつか存在する。また、かつてあったそのような社会の様子については、民族学者や歴史学者によってかなり研究されている。

それらを見ると、生き延びた少数の高齢者は、まだまだ元気でよく働いていて、それなりの役割がある。あまり体力を使わない食料収集、伝統医療、宗教祭事、道具作り、孫の世話、社会関係の調整、めったにない災難への対処、集団の歴史の伝承などだ。現代医療のない世界でここまで生き延びてきたのだから、確かに元気で知識も豊富である。だから老人は尊敬される。

しかし、最後の最後、どうにも体が言うことをきかなくなったときには、伝統小規模社会は悲しい。積極的か消極的かはともかく、死んでいくに任せるのである。誰もが、それが運命だと思っている。

現代社会が徐々に食料生産を上げ、医療技術も福祉制度も向上させていく中で、いつしか、一握りどころか、ほとんどの人が高齢者になる時代が来た。しかし、このような発展を遂げた社会は同時に、技術革新が日進月歩で、古い時代の知識などあまり有効とは思われない社会なのである。都市生活では職場と住居が離れており、引っ越しも多いので、孫がそばにいるわけではない。医療も宗教祭事も専門家がとり行う。職場の社会関係の調整に年寄りが出る幕はない。社会の変化が激しいので、世代間の価値観ギャップが大きい。

分からないことがあればネットで検索……となると、老人の役割はないし尊敬もされなくなる。

私たちの現代社会は、伝染病をなくしたり、経済を発展させたりと、個別の幸せ目標を達成させようと努力してきた。その結果、誰も気づかないうちに、多くの人が高齢まで生き延び、しかも、それらの高齢者にあまり役割のない状況を作ってしまったのだ。これからどうすべきか？

もちろん、健康寿命を延ばす努力は重要である。しかし、それと同時に、高齢者が働きがいと役割を感じられる状況にしなければならない。高齢者自身も、そこに知恵をしぼる必要がある。そして、人生をどう終わらせるかについて、新たな美学を作らねばならないのだろう。

「イヌが可愛い」は希望か？

新年を迎えた。二〇一八年の今年は戌年。私はイヌが大好きで、現在、スタンダード・プードルを二匹飼っている。上の子は今年で一四歳のキクマル。下の子は三歳になったばかりのコギク。二匹とも雄である。いずれも獣医で「ヒトと動物の関係」についての専門家の方から譲り受けたので、生後三カ月までは、しっかりイヌのお母さんに育てられてしつけてもらってある。

キクマルが最初にうちに来た当時、私は仕事の関係で別のマンションに住んでいたので、それほど濃密に接することはなかった。可愛くていい子なのだが、キクマルは誰よりも夫になついており、完全な「お父さん子」である。私のことは、友達の部類にでも入っているのだろう。

コギクが来たときは違った。夫と二人でもらいうけに行き、帰りの車の中では、私が抱いていた。三月末のことで、一月一日生まれだからまさに生後三カ月。体重は七・五キロほどだった。大きなイヌを二匹飼ってもよいマンションに引っ越したので、それ以来、私たち夫婦とイヌ二匹の生活が始まった。

二歳までのコギクはいたずら盛りで、どれだけ大事な物を壊されたか。花瓶に生けてある花は引きずり出してむしる。私の眼鏡をかじる。スリッパをかじる。アフリカ土産の置物をかじってばらばらにする。そんなときには、こちらも頭にきて本気で怒るのだが、やはり可愛いので抱っこすると、私の肩にあごをのせて眠ってしまった。その柔らかい手触りとぬくもり。そのとき、本当に心の底からこの子が可愛いという感情が湧いてきた。いたずらしても、何を壊しても、絶対にこの子を可愛がるぞ、という決心のような感情である。きっとそのとき、私の脳内にオキシトシンという愛情ホルモンがどっと出て、受容体がそれを感知し、情動系に不可逆の変化が起こったに違いない。子どもを可愛いと思う感情の脳内基盤に関する研究によれば、そういうことだ。

さて、そこまでなら珍しくもないが、この話には続きがある。告白すると、私はもともと人間の子どもがあまり好きではなかった。仕事柄、原稿を書いたり論文を読んだりして集中することが多いが、そんなときに子どもの泣き声がすると嫌だなあと思っていた。保育園ができる計画に地元の人たちが反対するという話をよく聞く。本来、そういうことではいけないと思いつつ、反対する人たちの心情は理解できた。ところが、である。コギクが心底可愛いと感じるようになってしばらくたったころ、通勤の電車の中で本を読んでいるとき、同じ車両に乗っていた赤ちゃんが泣き出した。かなりうるさかったのだが、なんと私はうるさいとも嫌だとも感じることなく、「あれれ、あの子はどうしたのかな？」と心配している自分に気づいたのであった！ つまり、私の「子ども可愛い」感情は、コギクというイヌを刺激として開発されたのだが、この感情が「人間の子ども一般」に拡張されていたのである。

赤ちゃんを育てているお母さん方に聞くと、まさにそうであるらしい。つまり、自分の子どもに対して可愛いという絶対的な感情が出てくると、それはよその子どもたちにも拡張されるのである。京都大学の明和政子教授の研究によると、大学生にボランティアで週一回ずつ保育の仕事をしてもらうと、そういう経験を積んだ後では、赤ん坊の泣き声に対する脳内の反応が変わるそうだ。私と同じで、それほど嫌だと思わなくなるらしい。

このことは、子どもと接する経験が日常的にある場合、ないときよりも子どもをケアする心が準備されることを示している。これはまさに、私たち人類が共同繁殖の動物であることを示しているのではないだろうか。少子化が進むと、社会一般に、子どもと接する機会が減少する。そうすると、子どもをケアする感情のスイッチが入りにくくなり、ますます少子化が進む。

私自身の経験によれば、そのスイッチを入れるには、イヌでもかまわないのである。少子化は起こっているものの、逆に犬猫などのペットは増え、「少子多犬」の時代である。イヌがきっかけとなって、子どもをケアする心を持つ人の数が増えていけば、この先の社会に希望が持てるようになると期待したい。

第三章　進化でつくられたヒトの心

【第三章　進化でつくられたヒトの心】

自然人類学は、伝統的にはヒトという生物のからだの進化を研究してきた。脳については、チンパンジーなみの三八〇ccぐらいだったヒトの祖先の脳が、今の一三〇〇ccほどにまでなったのはどのような経緯であったのかという、脳の大きさの進化がつねに大事なテーマであった。しかし、その脳の具体的な働き、つまり認知や心理については、自然人類学ではなく、心理学の扱う問題であった。そして、心理学は、伝統的には、ヒトの心が進化的に見てどのような作りになっているのか、ヒトの心はどのように進化してきたのか、という視点は持たずに発展してきたのであった。

しかし、二〇世紀の後半以降、脳について多くのことがわかるようになり

（まだまだわからないことは多いが）、それまで心理学で大雑把に個体の行動レベルで知られていたことの多くが、脳内メカニズムにも結びつけられるようになってきた。そして、脳も生物の臓器の一つなのだから、ヒトの脳はヒトという生物の進化史の中で、うまく情報処理して意思決定を導くような臓器として進化してきたはずだ、という考えが出てきた。それが、進化心理学という分野の始まりである。

ヒトの脳は、いろいろな論理的な推論を行ったり、大量の記憶を貯蔵して、さまざまな学習を行ったりする。この脳の働き方が、コンピュータにたとえられてきた時代があった。脳は非常に優れた計算機なのだと。それはそれで当たっているところもある。確かに、ヒトは素晴らしい論理的推論を積み上げることにより、理論物理学などの科学を打ち立ててきた。しかし、ヒトには直感もあるし、簡単に騙（だま）されもするし、大量の明白な証拠の査定を誤って、間違った結論に達したりすることもある。

ヒトの脳は、計算機として万能ではない。しかし、私たちが自分で作り上げたコンピュータの最高のものにもできないこともできる。これでは、脳をコンピュータになぞらえるアナロジーは、あまり適切とは言えない。

そうではなくて、やはり、脳も進化の産物なのだとして「心」を理解するべきだろう。脳は、人類が進化してきた舞台で重要だった問題をうまく解けるように進化した。人類が暮らしてきた環境において、うまく情動と欲求を働かせるようにバイアスがかかっている。その意味で、脳の働きは適応的なのだ。

しかし、さまざまな状況において、そんな進化的反応だけでうまくいくとは限らない。それを調整するように進化したのが、前頭葉である。脳のこの部分は、人類進化史でも最後に進化した。私たちは、自分の持っているこの脳を、果たして本当にうまく制御できているのだろうか？

親が子を虐待する理由

この数年にわたって、児童虐待の件数はどんどん増えている。二〇〇五年度には三万四四七二件だったのが、二〇一八年度には一五万九八五〇件になった。身体的虐待、心理的虐待、性的虐待と、カテゴリーはいろいろあるが、いずれも、子どもが親を含む養育者からさまざまな被害を受ける事態である。

実際に「児童虐待」の発生頻度が増えているのか、それとも、以前は見過ごされていたものに対し、人々の意識が変化して通報が増えたのか？　どうもそれは後者であるらしい。子どもが虐待死することをもっと積極的に防がねばということで、以前よりもさまざまなところが介入するようになった。その結果、一般の人々からの通報も増えているのだろう。

しかし、そもそも、なぜ親を含む養育者が子どもを虐待するのか？　理念的には、養育者は子どもを愛し、子どもの福祉のために最善をつくさねばならない。虐待するなどもってのほかである。しかし、科学的に見れば、いつもそううまくはいかない理由が存在する。そこを理解すべきだと私は思う。

子どもを虐待する大人の多くは「親」である。実母や実父が虐待者の中に占める割合は、たいてい六、七割だ。あとの三割強は、継父・継母、養父・養母、実父または実母の新しいパートナーである。実の親が多いと思われるかもしれないが、子どもは普通、実の親と暮らしているから、実母・実父以外の三割強というのは非常に大きい。

本当に血のつながっていない親子関係が難しいのは事実である。特に小さい子どもは、泣きやまなかったり物を壊したりと、ストレスのかかることをする。それに対して寛容に愛情をもって接するには、自分の子として初めから育ててきた長い時間の刷り込みが重要だ。ある日から「子ども」として一緒に暮らすことになった小さな存在に対して、同じような寛容さと愛着を感じるのは、場合によっては困難になるだろう。

しかし、血のつながりがないと愛着が持てないということではない。世の中の養子・継子関係のほとんどがうまくいっているのである。それは、人間が共同繁殖の動物だからだ。人間は、自分の子ではない子に対しても、愛情を抱いて世話することのできる性質を持っているのである。ただ、ときどき隣人の子どもを見てあげるのとは違い、毎日一緒に暮らして世話するとなると、子どもがもたらすストレスに対し寛容さを失い、愛情を持てないリスクが高まるということだ。

進化生物学的に言えば、人間は一生の間に複数回の繁殖が可能な動物である。特に若い親には、将来のチャンスがまだある。職がない、貧困、自身が病気などの理由で、現在の子育ての状況があまりうまくないと親が感じる時、親には、現在の子育てをやめて、次のチャンスに懸けるというオプションがある。若い母親に新しいパートナーができた時、実母自身が虐待を行うことがある。子どもは新しい彼氏になつかない。彼氏も子どもを好きにならない。彼女にしてみれば、以前のパートナーとの子どもはなかったことにして、今の彼氏との将来の繁殖に懸けたくなる。もちろん、これは親の勝手な欲望だが、動物としてそういう欲望は存在する。

最も虐待の対象になりやすい年齢は一歳未満で、虐待を引き起こした原因の多くは「泣きやまない」ことだ。子どもの脳は未完成なので、大人と同じように世界を感知してはいない。何が怖いのか、気に入らないのか、大人には分からない理由で泣き続けることもある。もう少し大きくなって言葉を話すようになった時には、「かわいくない、憎まれ口をきく、なつかない」が虐待の原因となる。子どもの側も、今の状況がうまくないと感じているのだろう。

子どもが生まれれば必ず母性本能のスイッチが入るというものではない。周囲のサポートがどれだけあるかなど、親にとって子育てに適した環境が整っていると感じる必要がある。子どもはぬいぐるみと違って、可愛いだけではない。かなりのストレスを周囲にもたらす存在でもある。虐待をなくすには、リスクがどこにあるかを理解した上で、必要なサポートがまわるよう社会全体で共同繁殖のネットワークを作っていくことが必須である。

思春期にはたくさん失敗しよう

思春期は人生の中でも難しい時期である。子どもから大人になる橋渡しの時であり、からだも脳も大きな変化を経験する。だいたいにおいてからだは丈夫で健康なのだが、心の中は波瀾万丈（はらんばんじょう）。一五歳から二四歳の死因のトップは自殺、二番目は不慮の事故である。精神疾患の最初のきざしが出てくるのも思春期。実に悩み多き時期である。私は、数年前から精神科医たちとともに、ヒトの思春期に何が起こるのかを包括的に調べる大規模な研究に取り組んでいる。

生物学的な思春期はいつから始まるのだろう？　思春期に最も顕著なのは、性ホルモン分泌の活発化である。女子で一二歳ごろ、男子で一四歳ごろと言われているが、栄養状態その他、子どもが置かれている状況によって、その年齢は変化し得る。また、ヒトの思春期に特徴的なのは、身長がぐんぐん伸びる「スパート」が存在することだ。これまで着ていた服が翌年には着られなくなるような急成長のピークである。

では、思春期の終わりはいつかというと、これも定義は難しい。ヒトはいつから「大人」になるのか？　日本の民法では、女性は一六歳、男性は一八歳から結婚してよいことになっている。この定義によれば、「大人」になるのは男性の方が遅いのだが、生物学的には、実はそうではないのだ。

身長がぐんぐん伸びるスパートの年齢を基準にすると、女性のからだの形態が大人のようになるのはスパートより前だが、月経周期が成人女性のそれと同じになるのは、スパートよりも数年あとである。

一方、男性の精子形成はスパートの年齢より前に完成している。が、筋肉がついて大人の男性のようなからだになるのは、スパートよりも数年あとなのである。つまり、女の子は、外見が大人の女性のように見えてもまだ生殖能力は低いのだが、男の子は、外見が大人の男性になる前に、既に生殖能力は十分に備えているのである。

しかし、性的成熟だけが大人の基準ではないし、法的に結婚できることと、大人であるかどうかということは必ずしも同じではない。生物学的な成長と、社会的文化的要素とが密接に絡み合って「大人」がつくられる。

さらに、からだの機能の完成と脳の機能の完成とは時期がずれる。一八歳ともなれば、男女ともに生殖能力は十分に備えているだろう。しかし、衝動を抑えて全体的な判断ができるようになるのが「大人」だとすると、それを可能にするための脳機能が完成するのは、実に二〇代半ばなのである。

つまりヒトの思春期は一〇年ぐらいも続く。こんなに長い思春期を持つ動物は、ヒトのほかにはいない。なぜそうなのかといえば、それは、ヒトの脳が異様に大きいからだ。脳が大きいゆえに、大人が非常に複雑な社会を営んでいる。生業のための技術もたくさん習得せねばならないし、多様な社会関係も築いていかねばならない。そんなこんなをなんとか一人でこなせるようになるには、一〇年ほども必要なのである。

思春期には、性ホルモンが脳にも多大な影響を及ぼす。さまざまな衝動が高まり、同性間の競争が高まる。同時に、同性どうしの信頼関係の構築も大事だ。だから、みえを張った自己顕示もすれば、徒党を組んで悪さをすることもある。からだの奥から湧き上がってくる衝動に、自分自身どうしたらよいのか分からない。それが思春期である。

この思春期の「はちゃめちゃ」さは、いったい何なのだろうか？　進化人類学的には、これは無くすべきものではなく、必要なものである。人生の道筋は人それぞれにさまざまな可能性があり、社会の中で何をすべきか、一元的に決まるものではない。思春期は、自分なりの生き方を探す「お試し期間」である。どこまで何をするか、どこから以上はだめなのか、自分は何が得意なのか、社会関係はどのように作ればよいのか、異性を愛するとはどういうことか。分からないことだらけなのだから、何でもやってみればいい。いや、やらなくては、先に伸びようがない。失敗だらけで当然なのだ。

今の社会は過度の安全志向であるが、子ども時代も思春期も安全に「そつなく」過ぎるようにすると、社会の発展性もしぼんでしまうのではないだろうか。

「自分」とは何か?

私たちは、「自分」という存在を認識している。周囲の状況に応じて「自分」の行動を変えることは、どんな動物でも行うが、私たちは、そうしている「自分」を自分で認識している。それは、自意識、自己認知などと呼ばれる。

人間以外の動物にも自己認知があるかという問題は、古くから研究されてきた。なかでも、アメリカの心理学者のギャラップが、一九七〇年代から行っている鏡を使ったテストが有名だ。チンパンジーが眠っている間に、額の上など、鏡がなければ見えないところに塗料などで印をつける。目が覚めたチンパンジーが、鏡に映った自己像を見て塗料の印にさわればテストに合格で、チンパンジーには自己認知があるということになる。確かにチンパンジーはこのテストに合格する。

今のところ、人間以外の動物で、鏡のテストに合格しているのは、チンパンジー、ゾウ、イルカ、そして鳥のカササギである。人間の赤ん坊も、初めから自己像が分かるわけではない。鏡の自己像を見て自分だと認識できるようになるのは、二歳ごろからのようだ。鏡のテストに合格すれば、自己認知があると結論づけてよいだろう。鏡に慣れたチンパンジーやゾウは、鏡の前でわざと大きく口を開け、自分の口の中を観察することもある。

しかし、鏡のテストに合格しなかったからといって、その動物に自己認知が「ない」とは言いにくい。ニホンザルでもイヌでも、自分のからだと他個体のからだとの区別はある。ニホンザルの場合、実験に少し手を加えると、テストに合格するようになるようだ。

そもそも、鏡というものは自然界には存在しない。動物の脳が進化してくる過程で、そんなものは存在しなかった。それなのに、こんな新奇な道具を使ってテストされ、数日の混乱を経て自己の鏡像を理解する動物たちがいるということは、彼らには、もともとなんらかの形で自意識が進化していたということだろう。

私たちが現在使っているきれいなガラスの鏡が発明されたのは一四世紀ごろだ。ベネチアングラスで有名なイタリア・ムラーノのガラス職人が発明したという話である。では、それ以前はどうだったかというと、静かな水面に映る自分を見るか、銅などの金属を磨いた鏡を使うしかなかった。銅鏡などの金属の鏡は、いくらよく磨いてあっても、ガラスの鏡のように明確な像を映すことはない。

さて、動物の中でどのようにして自己認知が進化したか、というのは興味深い問題だが、今度は、正確に像を映し出す鏡の発明が、人間の自意識にどんな影響を与えたかについて考えてみたい。人間が、毎日きれいなガラスの鏡に映る自己像を見て暮らすようになったのは、鏡の発明以降のことに過ぎないし、現在でも、途上国の、とくに都市部以外に住む人々にとって、そんなことは日常的ではない。

スティーブン・ジョンソン著の『世界をつくった6つの革命の物語』（朝日新聞出版）では、ガラスの鏡の発明が、ルネサンス以降の絵画に「自画像」というジャンルを生み出し、やがて、自己の内面を語る小説という文学の誕生を促し、やがてはそれが個人の人権意識の確立にもつながっていく歴史が描かれている。個別の技術が、誰も思いもよらなかった社会の転換を生み出すというのは、こういうことだろう。技術は、ある一つの側面で生活を便利にするばかりでなく、人間が外界をどのように認識するかにも影響を与える。

一般には、自己認知ができる動物は、できない動物よりも、他者理解のレベルも高い。しかし、高度なレベルの自意識を持つ私たち人間は、現代のあらゆる科学技術を駆使して、「自分」だけに焦点を当てるようになってはいないだろうか？　ペットボトルからスマートフォンまで、「個人」の自由と好みを満足させ、自分の興味にふけり、自分の感じたことをつぶやき、自撮りの画像を配信し、人々の注意を自分に向けさせようとする。「自己チュー」の横行である。

しかし、子どもが四、五歳になると他者の視点からものが見られるようになるのと同様、この自己チュー技術の社会も、そのうち他者や共同体全体への配慮を持つようになるのかもしれない。

他者の「こころ」を読むこと

国有地の売却と文書の改ざんをめぐる森友学園問題に関連して、「忖度(そんたく)」という言葉がよく聞かれる。少し前にはやった「KY」という言葉もある。「KY」は「空気が読めない」の略だということだが、「忖度」も「KY」も、相手の心を読み取って、それに合わせてこちらの行動を変えることに関する言葉だ。前者は、過剰にそうする行為と解釈され、後者は、それができない状態を指す。

ヒトという動物は、体重に比べて非常に大きな脳を持っている。ヒトの脳重は体重の二パーセントに達するが、こんな大きな脳を持っている動物はほかにいない。クジラやゾウの脳は絶対値では大きいが、体重も大きいので、相対的な脳重はヒトほどではない。

ヒトは、なぜこんな大きな脳を持つことになったのだろう？　その大きな理由の一つとして論じられているのが、他者の心を読む能力である。ヒトは、自分自身に「こころ」があり、それが自分の行動を決めるもとになっていることを知っている。そして、他者にも同じような「こころ」があると仮定し、その「こころ」を読むことによって他者の行動を理解している。

ところで、他者の「こころ」というものは、つかみ取って見ることができないので、推測するしかない。ではどうやって推測するのか？　他者の視線の方向に注目することから始まり、表情や言葉遣い、抑揚、微妙な動作など、すべての情報が動員される。ヒトの赤ん坊は、生まれながらに他者の目に注目するようだが、これらの行動が総動員されて他者の「こころ」がわかるようになるには、発達と経験の積み重ねが必要である。

このような脳の働きは、「心の理論」モジュールと呼ばれている。「心の理論」と言うが、こころに関する科学的な理論の名称ではない。ここで述べたように、実際に目で見ることのできない他者の「こころ」というものを、自分の経験に基づいて推測する能力一般を指す。「理論」と呼ぶのは、決して実際に見ることのできない他者の「こころ」に関して、ある種の理論を誰もが構築しているからだ。

モジュールとは、脳の働きの中で、ある特定の作業をするための仕組みを指す。「心の理論」を働かせるために使われている脳の領域があり、それは、他の、たとえば物理的な世界の理解に使われている部分とは異なるので、他者のこころの理解に特化したモジュールなのである。

たくさんある品物の中で、あの人はずっと「あれ」を見ていた、だから「あれ」が欲しいのだな、と思う。「私のこと好き?」と聞いたら、相手は一瞬、間を置いてから「うん」とためらうように言った。それで「ああ、本音はそうではないのだ」と思った。このように、言葉の表面的内容とは異なる情報からも私たちは絶えず他者のこころを推測している。

このように、誰もが「心の理論」という働きを備えているので、たとえ何も言わなくても、相手が何を考えているのか、どんな気持ちであるのかを推測し、それによって自らの行動を変えている。ただし、その度合いは個体差が非常に大きい。普通の社会生活がうまくいかないほどにこれができないと、「自閉スペクトラム症」ということになる。その中で、あまりわからないけれど、古典的な自閉症ほどではないという場合、それらは「アスペルガー症候群」と呼ばれる。

個体差だけでなく、「心の理論」をどれほど働かせるかには、かなりの文化差があるようだ。一般に、欧米では、もちろん「心の理論」は正常に働かせてはいるものの、「他者のことを気にしなくてはいけない」ということが当然ではない。いつでも「自分が何をしたいか」が最優先なのである。「他者のことも気にしてください」と明確に言われると、みんなそうする。それに対して、どうやら日本では、他者のことを気にすることこそが、当然の設定とされているようだ。「気にしなくていいですよ」と明確に言われると、みんなそうする。

どんな文化の人だろうと「心の理論」はあるのだが、この無意識の大前提が異なることによって、最終的にそれぞれの文化が作る社会は非常に異なる。他者のこころを読めなくても、読み過ぎても、問題を起こすことになるのだ。このバランスは難しい。やり過ぎるとおせっかいになるし、不幸を招くことにもなる。

「人を見る目」という能力

日本文化は、自然と人間を一体と捉え、自然と共存をはかることを当然としてきた、という主張はよく聞く。集落があり、その外に里山があり、さらにその先が奥山。奥山は野生の鳥獣のためにとっておく。

自然は人間が征服する対象だとは見なさない、どこまでも欲望のままに収奪することはしない、そんな奥ゆかしい態度が日本の思想である、と言う。

そうだとしたら、高度成長期になぜあんなにもあっさりと、里山も奥山も壊してゴルフ場などにしてしまったのか？　工場の廃液などが原因で起こった公害問題も、その他の環境汚染も、二酸化炭素の排出も、ことが重大になる前に、日本が自らの思想に基づいて歯止めをかけたことはなかったではないか。なぜか？

おそらく、日本文化は自然と人間を一体ととらえ、自然と共存をはかるのが当然と考えるというのは、電気も工場もなかった昔、実際に日本人はそうやって暮らしていた、ということなのだろう。

「お米を大切に」「おてんとう様に顔向けができない」「一寸の虫にも五分の魂」などの言い回しは語り継がれてきた。しかし、誰も、「自然と共存をはかれ」ということを「思想」として明示したことはなかった。が、日常がそのように営まれていたのである。

そこへ、自由市場の資本主義経済による開発の波が押し寄せた。そこには「開発すればお金がもうかる」という明確な論理があり、その利点は金額という一次元尺度で明示されていた。それを前にして、暗黙の「自然との共存思想」は、ひとたまりもなくどこかへ飛び去ってしまったのだろう。

二一世紀の今、健康な生活を送る基本的人権はもちろんのこと、多様性の確保、地球環境の保全、未来世代のための持続可能な発展などという概念が、理念として明示され、それらを実現するための施策がいろいろと練られている。

理念が明確にあるのは大事なことだ。それでも、これらの理念は、他の短期的な目標としばしば対立する。そして、短期的目標の方が、もうけの金額のように明快なので優先されてしまいがちだ。ましてや、とても大切なのに明示されてはいないもの、というのは、どこかに置き去られ、消えてしまうのではないかと危惧するのである。

たとえば、人を見る目というものも、そんな、なんとも明示的には表現しがたいが、とても大切な能力であると思う。しかし、そんな曖昧な第六感をもとに、人を採用したり、試験で不合格を出したりすることは、なかなかできない。

判断の根拠には客観性が必要ということで、根拠資料を作る。そのために数値化をする。「人を見る目」は確かに存在するのだが、問題は、その判断を、手持ちの数値の組み合わせで明示的に表現することは難しいということなのだ。

それを、何らかの明示的な数値ではかることに決めてしまうと、それだけが大事なものになってしまい、やがて、「人を見る目」の暗黙知の方は軽視されるようになるだろう。

教育の効果を測定する、というのも似たようなものだ。教えたことをよく理解したかどうかを試験で測定することはできる。しかし、それが教育の効果の神髄ではない。もともとの能力や育った環境によって、人はそれぞれ違うはずだが、ある教育を受けたことによって、その人がどれほど人間的に成長したか、それが教育の効果だろう。どうすればそれを測定できるか？　そもそも「測定」できるものなのか？

さらに言えば、この世のすべての現象は、意味ある形で測定できるのだろうか？　測定できなかったものを測定できるようにして進んできたのが自然科学である。しかし、科学は、人間にとって意味を持つすべての現象について、その意味を十分に表す測定を考案できるのだろうか？

測定して明示できるのは、現象の一つの側面に過ぎないはずだ。それをいくつか組み合わせれば、今はなんとも言いがたいものも、究極的には表現できるようになるのだろうか？

さらに、そうして何もかも数値にしなければ、納得してもらえないのだろうか？　いろいろ測定はするとして、最後に人間の判断が出てこないのであれば、それは、人間が信用されないということなのだろう。

第四章　科学技術のゆくえ

【第四章　科学技術のゆくえ】

　現在の私たちが、社会の発展におおいに依存しているところの自然科学は、一七世紀ごろのヨーロッパで成立した。自然界を探求しよう、よりよく理解しようという欲求は、いつの時代にも、どの地方の文化にも、それぞれのやり方で存在した。それは、ヒトの本性の一部である。しかし、論理的な仮説を立てる、仮説を実験によって検証する、反証された仮説は捨てる、などの科学的方法が確立し、いわゆる近代科学が出発したのは一七世紀であった。

　以後、科学はどんどん発展し、毎年のように新しい事実を発見し、自然現象に対する新しい説明を提供してきた。そして、とくに一九世紀以降、その科学的思考方法に基づいて、新たな技術が生み出されるようになった。その結果、それまでの試行錯誤に基づく技術の発展と比べて、日進月歩のスピードで技術が改良されていった。それが、科学技術である。

さて、昨今の科学はどのような状況になるのだろう？　近代科学の出発の当時と比べて、知識の量は指数関数的に増加し、分野はさまざまに細分化された。科学的知識と方法に基づいて技術を開発すれば、より速く正確に技術革新ができることがわかった結果、科学を、自然界の理解のためというよりは、さまざまなヒトの欲望をかなえる技術を生み出すことに利用し、それによって経済的利益を得ることを最大の目的とする態度が蔓延（まんえん）した。

いまや、広く分野を越えて自然科学の大筋を理解するなどということは、一個人には、もはや不可能となった。そして、個別の科学の分野において、どうやってその科学的知識が経済的価値を生み出すか、そのことに血眼（ちまなこ）になる風潮が生まれた。汎用的人工知能の開発は、その最先端の一例であろう。そういうものを作るのが、人類にとって本当によいことなのかどうか、という議論は抜きにして、それを作れば大きなビジネス・チャンスがある、そういう方向に社会を持っていけば、経済を今とは違う方向に引っ張っていけるだろう、という期待がある。

私としては、それに無条件で賛成ではないし、科学は何をしているのか、その根源的な立ち位置を、つねに思い返していたいと思うのである。

科学と技術の「はざま」で

携帯電話が発明され、急速に普及した後、その発する電波が心臓ペースメーカーの害になるということが指摘された。しかし、世の中はもう進んでしまっており、今さら電車内の使用を禁止できない。そこで、「優先席付近では」というようなアナウンスや表示で対応するしかなかった。

このことは、科学技術文明が内包する大きな問題を象徴している。単に、技術の発展にはよい面も悪い面もあるが、携帯電話を開発する途中でペースメーカーのことに考えが及ばなかった、という以上の本質的なものではないかと思う。

自動車を発明し、改良していく過程では、走ることの技術に絞って研究開発が進む。私たちは、速く楽に移動する手段を持ちたかったし、それは心地よいことだ。やがて、エネルギー問題が出てくると、燃費をよくする研究がなされた。二酸化炭素排出が問題になると、「エコ」な車が開発されるようになる。しかし、ここまで車社会になってしまった以上、後戻りはできない。つまり、初めから一つの機能だけではなく、そういう技術を開発したらあり得る大きな問題や影響について、広く考えている人は、実はいない。

糖分や脂肪がどんどん安く生産できるようになり、高カロリーで安価な食品が出回るようになる。さらに、どこでもいつでも食べられるような形状にしたり、冷凍技術が改良されたりする。やがて、これらの食品技術が私たちのからだに悪影響を与え、生活習慣病の急増をもたらしていることが分かる。対応はするが、悪い影響を初めから考えようとしていた人はいない。

いまや、インターネットやスマートフォン、ソーシャル・ネットワーキング・サービス（SNS）の時代である。これによって子どもたちの発達がどういう影響を受けるのか、どんな社会が出現するのか、よいところも悪いところも検討したという話は聞かない。

かつてのノーベル賞受賞者で、科学についての一般向け書物をいくつも残した免疫学者のピーター・メダワーは、「自然科学とは、解けるものを解くわざである」と言っている。これはその通りで、自然科学は問題を定義し、探索の領域を限定し、解けるように分解する。大きな問題にそのままとりかかるのではなく、その問題を構成している小さな問題を取り出し、それぞれを解決していくので、還元的手法と呼ばれる。

この手法は必然的に自然科学分野の細分化をもたらす。自然現象は奥が深いので、細分化してもまだまだ解決しない。気がつけば、深くて細い坑道の底に入り込んでおり、全体など誰も見通せない状況に陥っている。そこで、誰かが全体を見なければいけないと言い始めるのだが、それは容易には実現しない。

技術の開発もまた、似たような限界を持っている。それは、一つの領域の要求の充足に絞って開発を進めることだ。便利にどこでも話ができるようにしたい、どこにでも速く楽に移動したいなどといった欲求が満たせることを目指す。技術開発は、一つ一つの限定的な機能に関する要求の実現に特化しており、それが実現するまで、内部から止めるすべはない。

原爆の研究開発も、同じであったように見える。物理学者ファインマンの著書などを読むと、開発に加わった科学者たちが、面白い問題の解決としていかに喜々としてそれぞれの研究に励んだかが伝わってくる。技術が持つ他の面について考えるのは、彼らの仕事ではない。開発が終わった後で、多くの科学者たちが大変なものを作ってしまったと恐れ、あきれ、その使用阻止に走るのである。

ヒトも動物であり、この知能は、サバンナで直立二足歩行して狩猟採集をしながら暮らす中で進化した。どこかの時点で、抽象的な概念を創出し、概念を操作しながら因果関係を推論することができるようになった。それによって、ヒトの知能は動物の限界を突破した。それでも、現代の世界に蓄積された膨大な知識を総合し、さまざまな可能性を中立的に見晴らす、などということは不可能である。科学や技術開発の内部から、その自省をすることは不可能なのか。科学技術をコントロールするとはどういうことか、科学技術の倫理的・社会的側面も考えようというだけではないような気がする。

AIに取り囲まれたくない

先日、ノーベル賞ダイアローグという催しに参加した。日本学術振興会が中心となって開催されたもので、各分野における過去のノーベル賞受賞者五人を含む多くの学者を招待し、丸一日、さまざまな講演や対話が行われた。今回のテーマは「知の未来」である。

人工知能（ＡＩ）の近年の発展には目を見張るものがある。「深層学習」という方法が開発されてから、ＡＩはパターンの検出や物体の識別、事態への対応に関して飛躍的に進歩した。ビッグデータの処理はお手のもの。ある程度の顧客対応や会話すらできる。さて、ＡＩはこの先どのようなものになるのだろう？

人工知能が大量の学習を蓄積し、それに基づく大容量の計算を行うことができるようになると、やがてそれは自意識を持ち、欲求を持ち、感情を持つようになるのだろうか？しかし、欲求や感情は、生物三八億年の進化史の中で、動物に動機付けを与えるものとして進化したのだ。それは、人工知能が自然に持つようになるものではあるまい。では、人工知能の作り手である人間が入れ込むのだろうか？　だとしたらどんな感情を、どんなふうに？　命令を実行するのではなく、人工知能の欲求に従って計算を行うようになるなんて、受け入れられない。

この催しが興味深かったのは、参加した学者たちの間で意見が分かれ、答えよりも多くの疑問が出されたところにある。

私は自然人類学の立場から発言した。ヒトの知能と呼ばれるものは、ヒトの脳の産物である。脳も生物進化の過程でできあがった臓器だ。胃や肺などと同じだ。「知能」と呼んでいる認知的な思考は、脳の前頭葉というところで行っている。どういうわけか、そこが論理的思考を行い、因果関係の解明などができるため、ヒトは自然現象を解明し科学技術を発達させてきた。

しかし、そのような論理的な思考は、ヒトの脳の働き全体の中では氷山の一角に過ぎない。その下には広大な無意識の世界、情動に駆動された無意識の「意思決定プロセス」が働いている。きちんと意識して考えて決めているのではない、いわば直感や「何となく」という雰囲気で無意識に働いている脳機能である。これが非常に重要なのだ。

その部分は、ヒトの胃が石油を消化できず、肺が高度一万メートルではうまく機能しないのと同様、ヒトが進化した環境に適応してきただけであり、決して全ての状況で最適な判断を下せるようにできてはいない。そこを論理的な前頭葉の働きで一生懸命カバーしながら生きているのだ。だから人間は愚かなことを繰り返しながらも、なんとか最善を尽くしているのである。それがヒトの意思決定である。

ヒトは他者に共感することができる。親しい人に対する共感は自然に湧き上がってくる。それは、ヒトが小さな社会集団で共同生活しながら生き延びるには重要な性質だった。見ず知らずの人々からなる地球規模の大集団に対して、同じような共感が自然に湧き上がるのは難しいし、利害の対立もある。しかし、赤の他人でもないがしろにしてはいけないことは理解できる。そこで、最大多数の最大幸福というような、論理的な倫理基準が提案される。

ヒトの倫理観の進化的基盤については、まだ分からないことが多い。絶対に正しい倫理基準が一つあるというわけではないだろう。だとしたら、ヒトの情報処理能力をはるかに超える人工知能に与えるべき「倫理」とは何なのだろう？　人工知能自身が下す判断というのがあったとして、それは私たちにとって心地よいものではないかもしれない。ところで、私たちはなぜ、こんなに進んだ人工知能を持たねばならないのだろう？　生物系も物理系も含めて何人かの学者たちが、まるで人間のコンパニオンのように世話してくれるＡＩに取り囲まれて暮らすのなど嫌だ、という感想を述べた。私もそうである。ヒトの脳の働きを解明する科学はあり、ロボットを開発する技術はある。だからといって、ヒトの脳を模した、またはヒトの脳を超えた人工知能を開発「せねばならない」わけではない。開発したいという人間の、少なくとも一部の人間の、好奇心なのか、金もうけのためなのか、欲求があるのだ。他の人間が、そんなものは欲しくないと言った場合、どうなるのだろう？

ヒトの能力を超えた科学

科学技術の行方がどうなるのか、私はいろいろな意味で危惧している。何が原因かといえば、現在の科学技術が、私たち人間自身を直接に変える能力を持つ段階まで来たのだが、私たちは私たち自身について、まだ十分に知ってはいない、ということなのだ。

自動車や電車や飛行機を持つようになったとき、私たちは、物体の運動や燃焼に関する基礎的な物理学をかなりの程度に理解していた。その上で作り出した自動車や電車や飛行機の技術は、うまくいかないときにどうするかについても、おおかた制御可能な範囲にあった。しかし、こんな技術が、その技術以外の側面で人間生活にどんな影響を及ぼすかについては、誰も考えていなかったところがミソである。原子力関係の技術については、うまくいかなかったときにどうするか、まだ本当に自信をもって制御できるとは言い難いのではないか。

土木についても、いろいろな面で実は何も分かっていないのに、できることだけをやって突っ走ってきた面がある。河川というものは、それを含む周辺の生態系全体の一部であるのに、水を通すただの配管のように考えて護岸工事をし、生態系を破壊した。生態系という複雑系を十分に理解していないにもかかわらず、ある側面の利便性だけを求めたのである。

それやこれやの結果が、環境汚染であり、気候変動であり、種の絶滅である。これらのうまくいかないことを制御しようとすると、今や何をしたらよいのか？　ある一つの地域の壊れた生態系の修復ですら一筋縄ではいかない。少しずつ、良い方向にいくと考えられることを試してみて、うまくいかなければ、また別の方法を試してみるという、順応的なやり方しかない。もっと大きな気候変動などの問題に対しては、本当にどうすればよいのか。

そこに今度は、遺伝子操作、人工知能、高度情報技術、仮想現実、ビッグデータ利用、である。これらの技術は、自動車や護岸工事のように、私たちの外にある世界を私たちが変革するというだけではない。私たち自身を直接に変革する技術である。遺伝子操作はまさにそのものだが、情報技術はなぜ、私たち自身を変えるのか？　それは、私たち人間という存在が世界を知り、社会関係を築いている方法が、すべて情報伝達だからである。

その意味では、ラジオ、テレビ、電話の普及が、変革の始まりであった。これらの技術は、私たちが世界を認識し、世界とつながるやり方を変革した。ラジオが出現したときには、オーソン・ウェルズの演出・主演による「火星人襲来」を伝える放送がパニックを引き起こした。聞いた米国の人々が、それを現実だと思ったからである。テレビが出てきたときには、青少年に対する害悪がさんざん懸念された。それでも、私たちはなんとかやってきた。しかし、これらの技術によって、私たちの社会生活は大きく変化した。

さらに人工知能、ソーシャルメディア、仮想現実、ビッグデータ利用となるとどうなるか？　私たちは、自分の視覚、聴覚、触覚、運動感覚、味覚などの感覚器官を総動員して周囲の環境を感知し、それを現実だと認識し、それに基づいて行動選択をするように進化してきた。生まれてからおとなになるまでの発達過程で、そのような経路を形成するようにできている。情報技術は、おそらく、この経路を変える。

私たちが外的環境をどのように認識し、それをどのように処理して自分自身の行動選択をしているのかは、まだ十分に理解されていない。その最先端が脳科学である。そして、その行動原理が、赤ちゃんのときからどのように発達してくるのか、全容を私たちは理解していない。その最先端が、認知・心理発達科学である。私たち自身に関する理解はまだ未熟なのだ。

私たちの脳は、宇宙よりも生態系よりも、もっと深遠な複雑系である。その理解が十分でないまま、それらの一部について、自分自身で操作を加えることができるようになった。

そうだとすると、私たちはどんな未来が欲しいのかというゴールを設定した上で、研究開発目標を立てるべきときが来たのではないだろうか？

科学者の世界の「産業革命」

読者の方々は、科学者という職業をどのように見ておられるだろうか？　大学や研究所で「教授」や「上席研究員」などの地位を得て、自らの構想で最先端の研究をし、論文を書き、後継者を育てる姿か。しかし、どうやらそれは過去のこと。今ではずいぶん異なる。

博士号を授与される研究者の卵の数は昔に比べて増えたが、研究者として食べていけるポストの数は年々減少している。その結果、独立して研究室を率いることのできる研究者の数は減少し、一年から五年の契約で、特定の研究グループで使われる研究者の数が増えている。こういった有期雇用の研究者の労働条件はかなり悪い。博士号取得前の大学院生も含め、研究グループの労働力としてこき使われる状況はよくある。教授、助教、ポストドクター、院生というヒエラルキーがしっかりとあり、結構ブラックだ。

インディアナ大学の研究者らが行った最近の研究によると、科学者の「寿命」がどんどん短くなっている。一九六〇年代に科学の世界に入った人々は、その半数が科学者を辞めるまでにかかる年数は三五年だった。つまり、昔の学者は、だいたい三〇歳で就職して、三五年間はその地位を維持するというのが普通だったということだろう。

ところが、この年数は年を追うごとに減少し、二〇一〇年代に科学者になった人々の半数が科学者を辞めるまでの年数は、なんと五年なのである。しかも、天文学、生態学、ロボット工学という三つのかなり異なる研究分野を比較して、傾向は全く同じなのだ。サンプルの取り方や計算の方法についていくつもの批判は寄せられているものの、大筋において、これは実際の傾向を表していると私は感じる。

研究論文には、一人で研究成果をまとめて出版する単著の論文もあれば、二人の共著や、三人以上のグループ研究の共著もある。一九六〇年代に科学者になった人々のうち、一度も自分が筆頭著者になったことのない研究者は、全体の二五パーセントだった。ところが、二〇一〇年代になると、その割合は全体の六〇パーセントに及ぶのである。

二〇一〇年代の研究者はまだ若いから、これからの可能性を思えば、筆頭著者になる希望はまだあると思われるかもしれない。しかし、甘い見通しと言わざるをえない。日本の科学技術振興機構のデータによると、単著の論文は、一九九二年には全論文出版の二三・一パーセントを占めていたが、二〇一一年には一一・六パーセントに減少している。逆に、四人以上の著者による共著論文の割合は、三四・三パーセントから五六・九パーセントに増加した。

一つの論文で共著者の数が最も多い論文は、いったい何人によると思うだろうか？　二〇一一年時点では、それは三二〇三人だった。それが、二〇一五年に発表されたヒッグス粒子観測の論文では、五一五四人になった。

そう、この数十年で科学の世界で起こっているのは、ある種の産業革命なのだ。熟練した親方の下での徒弟制度と手工業による製造から、工場での大量生産へと転換した産業革命の時代。

同様に科学はいま、個人の科学者が自らのアイデアによって一人で研究していた時代から、大規模なグループによる組織的研究の時代へと変化している。産業革命初期、大量の労働者が劣悪な条件でこき使われたのと同様、現在の若手研究者たちは不安定な身分でこき使われている。

だとすると、産業革命が生産と雇用の形態を変え、労働者の労働条件を変えたように、科学界も、その生産と雇用の形態を根本的に考え直す必要があるのではないか？

産業界では、個人のたくみによるもの作りは無くなってはいないが、主流ではない。大企業が大工場で大勢の労働者を統括し、役割分担で製品が作られている。イノベーションはあるが、働いている人々みんながそんな発想をしているわけではない。

同様に、学者になっても、誰もが研究室を率いる地位にはつけない。研究は大きなチームワークだ。そのチームをサポートする研究者は大量に必要で、それぞれの役割がある。それは、本当にアイデアを出す科学者だけではなく、他分野や他機関との調整役もあれば、全体の運営事務役もある。それぞれが、博士号を持った科学者の道だというモデルである。

国立自然史博物館をつくろう

暑い夏である。今年の夏休みも、子どもたちはいろいろなところに連れていっても
らったろうか。博物館、とくに大きな恐竜の骨格などがある自然史博物館は、今
も昔も、子どもたちの人気の場所であろう。世界でもっとも有名な自然史博物館といえば、
ロンドンにある大英自然史博物館だ。私も大好きな場所の一つで、英国に行ったときには、
時間の許す限り一度は必ず訪れる。パリの自然史博物館、アメリカのスミソニアン博物館
なども、素晴らしいところだ。

自然史、ナチュラルヒストリーとは、この地球上に存在するさまざまな動植物や地質・
鉱物などを記載し、研究する学問の総称である。私たちの身の回りの自然界には、実にい

ろいろな物が存在する。その多くは生物だ。そして、異なる場所に行くと、また異なる物が存在する。いったい、この地球上には何が何種類あって、どうしてそのように分布しているのだろう？　という疑問に始まるのが自然史である。それを網羅し、記述し、それらの特徴や関係を研究して展示しているのが、自然史博物館だ。

今で言えば、おもに生物学と地質学になるのだが、このような自然科学の領域が成立する以前の大昔から、人々はこの世に存在するさまざまな物たちに興味を持ち、それを記載し、分類してきた。生物学や地質学は、このような自然の観察と標本の収集と記載の努力が積み上がって初めて成立するのである。

近代の自然科学が成立したあとでは、自然史というのは、もう古臭い仕事だと思われてきたふしがあるが、そんなことはない。科学としては、確かに現代の生物学や地質学がある。しかし、これらの学問が材料としている「物」の収集と保存、分類は、依然として決定的に重要な基礎をなしている。

ひるがえって日本には、上野に国立科学博物館がある。しかし、ここは「自然史」が四分の三で、あとの四分の一が物理学や宇宙科学なので、本当の自然史博物館ではない。自然史系博物館とでも言えるものだ。実は、日本には純粋に自然史博物館と呼べる国立のものはない。

日本は、南北に延びる細長い火山列島で、固有種も含めて多くの動植物が生息している。それを言えば、日本から南に広がる東南アジア地域も、動植物の宝庫であるのだが、中国を含めて東南アジア諸国全体に、自然史博物館は存在しない。

そこで、なんとか日本に国立の自然史博物館をつくろうという計画がある。これは、昔からの懸案なのだが、最近、学者の集まりである日本学術会議からの提案により、沖縄をその候補地として、実現に向けての運動がなされている。なぜ沖縄なのか？　それは、沖縄が日本の生物多様性の一つの鍵となる場所であり、さらに東南アジアにまでつながる玄関口でもあるからだ。そして、東南アジア諸国に、自然史博物館をつくる体力はあまり期待できない。

そもそも博物館とは何か？　いろいろと貴重な標本類をたくさん持っており、それを展示しているところ、というイメージが強いだろう。それは事実だが、博物館の使命は大きく分けて三つある。

一つ目は、この世界に関するさまざまな貴重な資料・標本を保存すること、二つ目は、それらの標本を用いて研究すること。そして三つ目が、それらの標本を展示し、教育・啓発に貢献することである。子どもたちが楽しみにしているような、「見せる」という機能は、もちろん重要だが、それより前に、一つ目、二つ目の役目がある。そして、それはあまり表（おもて）には出ないものの、本当に重要な仕事なのだ。博物館が収蔵している標本は膨大な数にわたり、実際に表に展示されているものは、そのほんの一部に過ぎない。それらを半永久的に保存し、研究する使命は、人類全体の福祉のためなのである。

生物多様性がどんどん失われていく今、ぜひ、日本に国立自然史博物館を造りたい。できれば、沖縄返還五〇周年記念の二〇二二年までに、そのめどをつけたい。今の日本にそんな経済力はないよ、と言わずに、ぜひ、多くの方々のご支援を得たいと望んでいる。ご興味ある方は、「一般社団法人国立沖縄自然史博物館設立準備委員会」を検索してみてください。

ノーベル賞について思うこと

秋はノーベル賞の季節である。ノーベル賞は、ダイナマイトなどの爆薬を発明して巨万の富を築いた、スウェーデン人のアルフレッド・ノーベルの死後、その遺言で作られた。一九〇一年に開始され、今日に続く。

最初から設置されていた賞は、物理学賞、化学賞、生理学・医学賞、文学賞、平和賞の五分野だ。文学と平和はさておき、物理学、化学、生理学・医学などという分類は、いかにも前世紀的に響く。最先端の自然科学の業績をこのような分野に分けることに、今でも意味があるのだろうか？　事実、分野を超えての共同研究が進み、年々、各賞の間の違いが不明瞭になってきている。

また、二〇世紀初頭にはまったく考えられなかった技術がいくつも発明され、新しい学問領域も生まれてきた。たとえば、生物の全ゲノム解析などの技術を駆使した研究は、いわゆる「生理学」ではないだろう。では、医学かといえば、医学におさまるものでもない。ノーベル賞委員会も、昨今の学問の発展を取り入れ、分野をどのように考えるかに腐心している。が、この分類はどうにも古臭い。

受賞の形態も問題だ。平和賞を除く四分野は、個人が選ばれて三人までだ。しかし、科学研究への貢献を、本当に個人の業績に帰することができるのかどうか、それは議論の余地がある。とくに、昨今の自然科学の研究は、何人もの研究者がかかわる大きなプロジェクトであることが多く、研究業績である論文の著者も、今や五〇〇〇人を超えるものまであるのだ。

話は変わり、ノーベル賞のような華麗な問題ではないが、今、大学や研究者の外部評価をどのように行うかで、議論が沸いている。その焦点の一つは、論文の数え方だ。一人の研究者が書いた単著の論文がその人一人の業績であるのは当然だ。では、一〇人共著の論文はどう数えるべきか？　全員が自分の業績として一ずつ数えてよいものか？　それとも各自一〇分の一か？　では五〇〇〇人の論文は？

なぜこんなことが議論になるかといえば、そのような評価によって国立大学の運営費交付金の額が左右されるからだ。

ノーベル賞級の業績ともなれば、確かにあの人の考えが大変な進歩につながったねと、大半の人々が納得するものは、現在でも抽出できるのだろう。

だが、ほとんどの科学研究はそんな飛び抜けたものではない。それでも、それらがなければ科学は進まない。ジグソーパズルの一つ一つを埋めるような研究の積み重ねは大事なのだ。そして、飛び抜けた研究をするには何人もがチームでかかわる必要がある。

科学研究という営みの形態は、二〇世紀の終わりごろから大きく変わってきた。個々の研究者にどれだけの功績を認めるかなどと議論するのは、科学研究の在り方に対する二〇世紀までの古い考えに基づいている気がする。

おそらく自然科学だけではない。あらゆる面で、社会の成り立ちが、急速に大きく変わってきている。世界各国を見れば、まだ貧富の差はあるものの、全体として死亡率は下がり、寿命は延び、先進国では出生率が低く抑えられるようになった。つまり、生態学的に飽和している。どの国も、国が発展するほどに経済成長率は下がっていく。つまり、飽和していくのだ。

このような中で、国連がＳＤＧｓという持続可能な社会づくりを目標にかかげ、あらゆる形の貧しさを撲滅しようとうたっている。それは、経済的貧困だけではなく、さまざまな種が絶滅して生物多様性が減少していく貧しさ、女性やマイノリティーが活躍の場を持てないという貧しさなどのすべてを包含している。つまり、量から質への転換をめざしている。経済成長を追い求める、従来の資本主義は存続できるのだろうか？

インターネットなどの普及による情報環境の激変は、人々の社会認識の仕方や意見形成の過程、意見交換の方法を劇的に変えた。個人の感想が瞬く間に匿名で世界中に広がるというグローバル化は逆に、人々のセクト主義を鮮明にさせている。これらは自由主義、民主主義という二〇世紀の価値を維持できなくさせるかもしれない。今、実は社会の根本的な諸概念の転換が求められているように思う。

第五章　大学の不条理

【第五章　大学の不条理】

本書の論考は、ヒトの進化史という長い時間スケールの視点から、現代の社会におけるさまざまな問題に関して考察するというものである。現代の社会の問題点には、世界に共通なものも日本に固有なものもある。昨今、大学改革の嵐が異様に吹き荒れているのは、どちらかと言えば、日本に固有の問題だろう。そして、人類史的に見たときの問題という意味では、時間的にもあまりにローカルである。

しかし、私自身が、ある国立大学の学長という立場にあるので、折りに触れて、この大学改革の議論について考察せざるを得ない。本章のタイトルにあるように、昨今の日本の大学をめぐる議論には、多分に不条理なところがあるので、それらを指摘している。

大学がどうあるべきかを論じるには、進化ゲーム理論が有効である。なぜなら、大学という組織の存在には、(1)大学に何かを求めて入ってくる学生たち、(2)その学生たちを教えようとする教授たち、(3)大学を卒業した若者を使おうとしている雇用主、という三種のプレイヤーがいて、それぞれのプレイヤーの動向は、他のプレイヤーたちが何を考えているかに影響されるからだ。大学がどんな組織であるかは、この三者の欲求の均衡点なのである。

それゆえ、そのうちの一プレイヤーだけが何かを変えようとしても、他の二者のプレイヤーも同じように考えを変えなければ、なかなか変化は起こらない。たとえば、教授たちが単位認定を厳密にし、卒業判定を厳しくしようとしても、雇用主が、学生の大学での成績を重んじずに採用をしているのであれば、学生たちも単位認定に注意を払わない。そして、単位認定の厳しくない大学の人気が高く、受験生がそちらに流れるというのであれば、結局、大学という組織は変われない。

昨今、さまざまな社会的圧力の結果、日本の大学はずいぶんと変わってきている。しかし、卒業生を採用する企業や、大学へ子どもを送ろうとする親たちは、大学自体の変化をそれほど知らず、昔ながらの考えで大学を見ているように思う。

大学という組織も、社会の変化につれて変わらねばならない。変わらずに残る部分もある。これからの大学がどのような存在になるのがよいのか、プレイヤー三者のすべてが、よく考えて決めていくべきだろう。

自由な知識の追求はヒトの本性

ものの由来を知ることは大切だ。それは面白いだけでなく、当たり前だと思っている現状を、異なる観点から見直すきっかけを与えてくれる。

たとえば、哺乳類の中耳には「つち骨」「あぶみ骨」「きぬた骨」という三つの小さな骨があり、それらが鼓膜に連動して音を聞く役目を果たしている。この仕掛けは絶妙であり、耳が聴覚のための装置であることは自明だ。ところが、中耳の由来を見ると、それは魚が陸に上がった後になって、空気を伝わってくる振動を音としてとらえるようになってからできたものであり、中耳の三つの骨は、実は顎(あご)の骨の一部からできてきたのである。

さて、大学という社会装置である。昨今は大学改革の一層の促進ということが叫ばれており、国立大学法人は、(1)世界のトップを目指す大学、(2)特定の分野で活躍する大学、(3)地域貢献を果たす大学、の三つから一つを選び、それぞれの目標達成のための計画を立てねばならない。現在の日本の状況にかんがみて、大学が変革しなければならない部分は確かにある。世界的な一流大学であっても、社会の新たな潮流に適合するために、日々、改革に取り組んでいるのも事実である。

しかし私は、大学という社会装置がそもそもどのような由来でできたものであり、それが続いてきた理由は何なのかについての根本的な認識が、日本の社会にあまり共有されないまま、現在の大学改革の議論が進められているように思う。

一九世紀後半から二〇世紀にかけて作られた世界の諸大学は、確かに、国家の発展に資する人材養成と技術開発を目的に作られた。日本の大学もそうである。しかし、そもそもの大学の起源は、イタリアのボローニャ大学やフランスのパリ大学など、一二世紀のヨーロッパにまでさかのぼる。

碩学(せきがく)と呼ばれる人物のまわりに若者たちが集まり、教えを請うとともに互いに議論をする場、というのが大学の始まりであった。学生が教授を雇う。ラテン語を使うので、それぞれの出身地の言語とは関係がない。学生はヨーロッパ中から集まってくるので、大学がある土地の法律には縛られない——などなど、大学とは最初から国際的な団体であり、大学独自の自治を要求し、多くの闘いの果てにそれらを獲得してきた。

その後、ルネサンスを経て絶対王制の時代に入り、各国の君主が教養を身につけ、それを誇る時代になる。そこで王侯貴族の寄付による大学が続々とできた。英ケンブリッジ大学の各カレッジは、そのような寄付によって設立されたものがほとんどである。その先は、王侯貴族の意向に沿うような運営を強いられた場合もあったが、大学は抵抗し、自治を守り続けてきた。さらに、二〇世紀アメリカの私立大学などでは、教授が経営者の言いなりになることを求められた時期もあったが、大学はそれにも抵抗してきた。

ここでは、大学の歴史の全体像を語ることはとてもできない。が、大学の歴史は、創設の当初から今日に至るまで、自由な研究と教育を求める学者たちと、大学のあり方をコントロールしようとする諸勢力との闘いの歴史であったと言えよう。闘い続けながらも、大学という組織は存続した。一二世紀から今に至るまで、細部は変われどもずっと存続してきたという組織はまれである。そのことは、とりもなおさず、自由な知識の追求の欲求と、それを学びたいという若者の欲求とは、人間の本性だということではないだろうか。

人間には「知りたい」という根源的な欲求があるのだ。「知らない」よりは「知っている」ことの方をよしとする。そのような価値観は、文明の一部なのだと私は思う。だから、私たちは、知識の追求を価値あるものと考えるのである。

そうして行われた知的探求の一部からは、現在の貨幣経済の中で、経済的価値を生む可能性のあるものが出てくるだろう。それは国家の発展にも寄与するだろう。しかし、そのような経済的価値を生み出すことが、知識追求のそもそもの目的なのではない。大学が、現在の社会状況に適合した役目を付加していくことは必要だが、もともと大学という組織がなぜ出現し、なぜそれが連綿と続いてきたかの理由を知っておくことは必要だと思うのである。

大学に初めて入る年齢はいつ？

日本の国立大学の財政は、国から支給される運営費交付金と、学生からの授業料など自己収入、そして競争的資金でまかなわれている。運営費交付金は、国立大学が法人化されてから一〇年、一貫して毎年一パーセントずつ削減されてきた。その影響で、大学では定年教授の後任不補充、若手を中心に任期つきポストへの転換などが続いている。

大学政策策定には、有識者会議という集まりが大きな発言力を持っているようだ。そこでは「日本には大学が多すぎる」「大学の経営努力が足りない」などという意見が非常に強く表明され、「さらなる大学改革を」という掛け声一辺倒(いっぺんとう)である。内閣府の文書には「大学の運営から大学の経営へ」という言葉も出てくる。

しかしながら、私が見る限り、有識者会議の提案は、いろいろと多角的なデータで国際比較などをした結果として提案されているようには見えない。そこで、ＯＥＣＤ（経済協力開発機構）の統計を基に、自分なりにいろいろと調べてみた。

日本の大学は本当に多すぎるのか？　日本の国立大学は八六、私立大学を入れると七八〇ぐらい。一方、アメリカの大学数は二六二九。これを人口一億人当たりの大学数に換算すると、日本は五九八、アメリカは八四八。同様に韓国は八四八、ドイツは四五一、イギリスは二六九となった。ただし、単純比較は難しい。各国の大学制度も大学のあり方も、社会での受け入れられ方も千差万別だからだ。欧州では、実務的な職業訓練にかかわる教育が、いわゆる大学と並行して整備され、どちらも高等教育の受け皿だ。実務訓練校が大学より下に見られるということもない。

大学進学率も、公表されている数字には問題がある。ＯＥＣＤでは、入学者の人口に占める割合を年齢区分ごとに出しているが、そこには留学生も含まれているので、たとえば留学生が非常に多いオーストラリアは九四・九パーセントとなる。同じ計算法で日本は四九・七パーセント。逆に、二五～三四歳人口における大卒者の比率を見ると、日本は六〇・一パーセント、オーストラリアは四九・三パーセントとなる。

興味深いのは、大学に初めて入学した人に占める二五歳以上の割合だ。二〇一二年時点で最高はイスラエルの三四・九パーセント。スウェーデンが二五・九パーセント、アメリカが二三・九パーセント、イギリスが一八・五パーセントと、欧米では二〇〜二五パーセントが主流である。一方、日本は断然低く、文部科学省の資料によると一〜二パーセントにとどまる。働きながら学ぶ、いわゆる「パートタイム学生」も、欧米では三〇〜五〇パーセント存在するのだが、日本ではどうだろう？

国立大学の経営努力が足りない（から政府支出を削る）と言うが、政府支出における大学への公的教育費の割合（二〇一四年）は、ニュージーランド五・四パーセント、スイス四パーセント、アメリカ三・五パーセント、イギリス三パーセント、ドイツ三パーセントに対して日本は一・八パーセントである。もっと一般に、公的教育費の国内総生産（GDP）比を一五年で比べると、イギリスの五・七パーセント、アメリカの五・四パーセント、スイスの五・一パーセントに対して、日本は三・六パーセントとこちらも低い。

一方、企業なども含めた研究開発費を一五年のGDP比で見ると、日本は三・三パーセントで、イスラエル、韓国に続いて多い。研究者一人当たりの研究開発費という項目でも日本は一七位に入っている。

データから見えてきた結論の一つは、日本は、研究開発にはそれなりに支出しているが、高等教育には国がお金をしぶる国だということだ。もう一つは、日本の大学進学率はそこそこ高く、学士号取得者も多いが、高等教育のレールが一本しかない。つまり大学とは一八歳で入学し、二二歳で卒業して、二度と戻って来ない場所ということだ。

首相官邸に「人生一〇〇年時代構想会議」が作られ、一生学び直しのできる社会にしようと掲げられているが、このままでは、それは無理だ。

変えるには、「新卒」を一括して四月に採用し、途中で抜けたり復帰したりすることはまず無理、という企業の採用方針や働き方を、何よりも改革しなければならない。現状では、海外の大学を一〇月に卒業した人や、途上国で働いていた人なども不利になる。働きながら学ぶのも普通ではない。大学改革はもちろん必要だが、大学改革が生きるには「大幅な働き方改革、企業改革」が必須である。

大学への予算を削るおかしさ

二〇一八年一一月、中国の学者が、ゲノム編集を施した受精卵から双子の女児を誕生させたと発表した。ゲノム編集の技術はどんどん進んでいるが、それを本当に子どもに応用したというのは初めてだ。こんなことをしてはいけないと、世界中で懸念の声が上がっている。

また、最近、日本の財務省は、国立大学に対する予算を削るために、「削るという判断が正しい」ことを示すデータなるものをたくさん出してきている。各国政府の科学技術に対する支出とその国の論文生産性との関係や、主要先進国の学生一人あたりの公的支出に関するデータなどだ。

自然科学は、自然界がどのようにできているか、どんな法則によって動いているのかを知ろうとする試みである。自然を観察し、仮説を立て、それに基づいてデータを集めて検証を行う。検証の結果、仮説が間違っていることが分かれば、新たな仮説を立て直し、またデータを集める。その繰り返しにより、少しずつ説明力を増強していく。

科学は、仮説とデータを正直に突き合わせることによって、よりよい理解に至ろうとする不断の試みである。しかし、科学は「それは良いことだ」という価値判断は下さないし、下せない。科学が明らかにしたことから直接、そのことに関する価値判断を導くことは不可能なのだ。

ヒトという生物は鳥ではないので、自力で空を飛ぶことはできない、というのは科学の知見である。だからと言って、「ヒトは空を飛んではいけない」という判断は導かれない。だから、遺伝子の働きが分かり、ゲノム編集ができるということと、ゲノム編集の子どもを作ってよいという判断とは別である。

それでは、科学は価値判断とは無関係かと言うと、そうでもない。価値判断そのものは科学と無関係だが、ある価値判断に基づいてものを動かそうとすると、科学的知見は大変に有力な情報である。飛べないのに空を飛ぼうと決めたら、何に注意せねばならないか、科学は教えてくれる。

つまり、価値判断は独立にあり、その判断を実行に移すための材料として、科学的知見が利用できるのだ。「男女は平等に扱われるべきだ」という価値判断を取るとき、それを有効に実現するには、男女のからだの作りや心理や行動、教育や社会体制に関する科学的研究成果が役に立つ。しかし、「男女は平等」という理念自体を正当化する科学的データは存在しない。

科学的知見が価値判断を導かないのと同様、ある価値判断を正当化する科学的データも存在しないのだ。「男女平等な社会の方が生産性が高い」というデータが示されたとしよう。これは、平等を正当化する科学的データだろうか？　違う。そこには、男女は平等であるべきだという価値観に加えて「社会の生産性は高い方が良い」という価値判断が入っている。これらが正しいことを示す科学的データはない。

「エビデンス（根拠）ベースの政策決定が重要だ」と言われる。それは、ある価値判断のもとに政策を立てたとして、その政策が本当に有効に働くかどうかを検証できるエビデンスが必要だ、という認識からきている。政策の理念そのものを正当化するエビデンスが必要という意味ではない。

財務省の資料は、「日本の国立大学にはかなり多くの公的支出が行われているのに、国立大学の論文生産性は低い」という仮説を検証するためのデータではあろう。正しい検証ができれば、仮説は立証されるかもしれない。しかし、たとえ、日本の国立大学に対する政府の支出が世界一であることがデータで示されたとしても、そのデータ自体が「政府の大学への支出を減らす方が良い」という判断を導くものではない。判断には別の理由があるのだ。

私自身、日本の国立大学が、このままでよいとは思っていない。が、国からの支援に関して、国立大学同士を互いに競わせる政策が、国立大学を良くする有効な政策だとは思わない。それは、私自身の価値判断である。しかし、ここで言いたいのは、いろいろな価値判断の是非ではなく、科学的データの使い方である。

データは仮説の検証のためにあるのであり、価値判断を正当化するためにあるのではない、ということはしっかりと認識されるべきだと思うのだ。

大学改革の目的は何か？

昨今、大学改革がさかんに叫ばれている。文部科学省の中央教育審議会でも、国立大学協会でも、内閣府の総合科学技術・イノベーション会議でも、大学改革の大嵐だ。そこで、問題にされているのは、最近の日本の科学が、世界の潮流の中で、だんだん小さな存在になってきているのを何とかせねばならないということ、そして、大学がもっと経済の発展に貢献せねばならない、ということだ。

世界での日本の科学的存在感が小さくなってきているのは本当だ。日本発のトップレベルの論文数が減ってきている。その原因の一つは、日本の多くの会社が、一九九〇年代以降、経済的な苦境に陥った結果、独自に持っていた研究所を次々と閉鎖したことだろう。

かつて、企業の研究所が行っていた研究のレベルは高く、論文の出版数も多かった。しかし、バブルがはじけ、独自に研究を担うことができる体力のある会社が少なくなった。そこで、大学にもっとイノベーションに貢献してくれ、ということなのだが、大学はそのように産業界と連携する仕組みにはなっていなかった。

それが今や、産学連携、大学発ベンチャーの立ち上げ、大学の地方創生への貢献、といった話題にあふれている。大学は、国の経済を活性化させる原動力の一つとみなされ、その任務を果たすように期待されている。実際、各大学はさまざまな工夫をしている。まだまだ障害はあるのだが、昨今の様子は、かつてとは比べものにならない。

それは、それでいい。大学にそのような期待があるのは当然だろう。しかし、大学の本来の存在理由は、次世代を担う人材を育てるための高等教育を提供することにある。

では、次世代を担う人材を育てるとはどういうことか？　それは、まっとうに生きて、社会をよい方向に動かしていける原動力となる人間を育てるということだ。高等教育を受けた人間は、目先のことだけではなく、大きな視野を持ち、批判的な目を持って、やるべきこととやるべきではないこととを臨機応変に判断し、社会をよい方向に引っ張っていける人間である。この大きな目的からすれば、イノベーションを起こして日本の経済に貢献するというのは、そのほんの一部に過ぎない。

私が思うに、残念ながら、今の大学改革の議論でまったく不十分なのが、この教育の目的のところである。高等教育を受けた人間は、何ができて、どんな力になるのか。国民は、その点で大学に何を期待しているのか。

最近は、先述のような動きがあるので、地方の大学の学長さんたちも、地元の産業界その他とよく会合を持っている。そういう話などを聞いていると、地方の大学が輩出している人材は、その地方の行政や経済にとって、やはり大変に貴重な存在であるらしい。

日本が自由主義、民主主義という価値観のもとで社会を繁栄させ、国際社会でも指導力を発揮しようと思っているのならば、そのような社会において、高等教育を受けた人間とはどういう人間なのか、そのイメージを国民的に共有せねばならないと思うのである。

しかしながら、これまでの歴史は不幸であった。戦後の新制大学になってから本当に長い間、大学を卒業した人間を採用する企業などが、その大学で何を身に付けたのか、大学教育を受けてどのように成長したのか、ということを、さして問わずに採用を行ってきた、というのが現実だったのではないか。端的に言えば、大学に序列をつけ、どこの卒業生かということこそが大事だった。だから、学生にとっては、よい大学に入るための大学受験がもっとも大事だったのであり、入学後は大学ではほとんど遊んでいました、という事態がまかり通っていた。

しかし、いまやそういう時代ではないのである。入学試験の難しさではなく、その大学がどんな教育を提供し、卒業生がどんな人間として世に出て行くのかがもっとも大事なのだ。学生自身と、親と、採用する企業その他と、三者がすべて、そのように大学を見るように変わっていく時代なのである。世界の大学は、そのような観点でアピールしている。日本の社会全体が、大学教育の価値を見る目を持たなければ、日本の大学は世界の中で取り残されてしまうだろう。

第六章　成熟した市民社会へ

【第六章　成熟した市民社会へ】

ヒトという種は、その進化史のほとんどにおいて、狩猟採集生活をしてきたのであり、私たちのからだと脳の基本的な遺伝的設計は、そのような環境にうまく適応するように進化してきた。しかし、進化で作られたこの脳の一部（おもに前頭葉）は、抽象的な記号操作や論理推論を行うことができるようになったので、ヒトが暮らしていく上でのさまざまな問題を「考えて」解決することにより、ヒトの生活環境を劇的に改良してきた。それが、文化の創造と文化進化である。

ヒトは環境に対応するために文化を作り出す。しかし、今度はその文化が、ヒトにとってのもっとも重要な環境となるのだ。狩猟採集生活が何百万年と続いたあとで、過去一万年の間に起きた農業と牧畜の発明、いわゆる農業革命は、おそらく、ヒトに対してとてつもなく大きな変化をもたらした。

ヒトを考えるときに、狩猟採集民としてのヒトの特徴をつねに原点として考えねばならないのと同時に、農業革命以後の文化環境のシステムが、ヒトの心理や欲求や社会の在り方にどのような影響を及ぼしてきたか、そちらも同等に真剣に考慮せねばならないだろう。たとえば、農業革命以後、定住生活をすることにより、多くの社会システムが変わった。蓄財が可能になり、貧富の差が生まれ、職業の分業が生じた。そして、蓄財や社会的地位向上というものが、ヒトに快をもたらす目標となった。

社会システムが変わると、脳の報酬系に訴える対象が新たに生じる。狩猟採集生活では、富の蓄積はできないし、しばしば移動する生活である。移動のときは、自動車も電車もないので、自分の物は全部自分で持って運ばねばならない。そうなると、身軽でいる方が楽だから、狩猟採集民は、物をたくさん持とうとは思わない。しかし、農業革命以後、実際に蓄財が可能になり、その蓄財の量が権力と結びつく、というような事態が目の前で起これば、蓄財をすることが快となり、蓄財することが大きな動機付けの要因となるのだ。

もう二〇年ほども前にあった研究会で、「ヒトの進化史の過去にはなかったが、最近になって進化した情動はあるか?」という質問をした人がいた。そのときは、たいしておもしろい議論にはならなかったが、私は、ずっとこのことが頭のすみに残っていた。答えは、たぶん、情動そのものは相変わらず昔と同じだが、それらの情動を引き起こす対象が変わった、ということなのだろう。

ある女性が、生まれてからこの方、社会の意思決定にかかわることも、高度な教育を受けることもまったくできず、はなから限定的な役割しか期待されない存在として育てられ、周囲を見てもそんな女性の生き方しか見られない状況に置かれていれば、その女性は、それ以外の生き方を想像することができない。そして、その限定された生き方の中で、日々の幸せを見つけるだろう。そんな文化は、過去にいくつもあった。しかし、文化環境が変わり、女性もいろいろな可能性を追求することができるということが、夢物語ではなくて、実際に実現可能なオプションとして見えるようになれば、女性も、さまざまな面で能力を発揮したいと思うようになるのである。

同様に、若い世代の人たちが何をしたいと思うかということも、その社会システムの中で作られていく。若い人たちが以前よりも軟弱になったなど、上の世代の人間はいろいろと文句を言うが、それは、文化進化による社会システムの変化によって、人々が快・不快を感じる対象が変わり、人々の行動が変わったからなのだ。「心」というものの本質が変わっているのではないのである。

現代の私たちの文明は、かなりの欲望をかなえる技術を手にし、経済も政治もグローバルに密接な関係を持つ社会を築いてきた。そのことの負の面も多々ある。先の見えない状況であるが、なんとか、前頭葉による叡知を見つけていきたい。

貨幣の発明はヒトを変えたか？

本書では、ヒトという動物の進化史を基に、現代の社会が抱えるさまざまな問題を考えてみようとしている。ヒトは発明の天才だ。例えば、遠くへ行きたい、速く移動したい、楽に物を運びたいという欲求に対しては、車輪を発明し、家畜を使うことから始まって、やがては自動車、大型船舶、飛行機などを発明するに至った。ヒトは「Aがあれば B が起こる」ということを、単にAとBの連合として認識するばかりでなく、「AはBの原因ではないか」という、因果関係の推論ができる。そこで、自然界の現象の観察や、自ら行うさまざまな試行錯誤の中で、「こうすればもっとよくなるだろう」という工夫を重ねていく。そこで、技術がどんどん進歩していく。

貨幣というものも、そうやって人間が発明したものだ。元々は、「Xを持っているがYは持っていない、かつ、Xは手放してもよいがYを欲しいと思っている人」と、「Yは持っているがXは持っていない、かつ、Yは手放してもよいがXを欲しいと思っている人」とが物々交換をしていたのだろう。しかし、そんなにうまく双方の欲望が合致する相手に会うことは難しい。そこで、いくつかの段階を経て、どんなものとでも交換することのできる、抽象的な価値を持つ「貨幣」が発明された。

交換と交易の歴史は非常に古く、何万年も前までさかのぼれるようだが、貨幣経済は進化史的に言えばごく最近のことである。どんなものにも変えることができる抽象的な価値とは、とんでもない発明だと思う。以前、東大名誉教授の岩井克人先生と話していた時、「貨幣の発明は言語の発明に次ぐすごい発明だ」とおっしゃっていた。その時は、そこまでのことはないだろうと軽く考えていたのだが、最近、やはり岩井先生のおっしゃる通りではないかと思い始めた。

それは、貨幣というものが、確かに人間の生活を変え、世界を見る目を変え、欲望のあり方を変え、人生観を変え、結局のところ人間性を変えてきているように思うからだ。貨幣経済の真っただ中で暮らしている私たちにとって、貨幣は当たり前の存在だが、ヒトという生物にとって、こんなものの存在は決して当たり前ではなかった。そして、大量の砂糖や脂肪の存在に私たちの脳も体もうまく対応できていないのと同じく、この貨幣という存在にも、実は私たちの脳はうまく対応できていないのではないだろうか？

ヒトが狩猟採集生活をしていた頃、ヒトは自分たちの手で集められる食料を食べ、自分たちの手で作れる道具や衣服を使って暮らしていた。できることは限られていたし、望めることには限度があった。まさに等身大の生活である。それ以上の世界の可能性を知らなければ、欲望にも限りがあった。「欲しい物」というのは具体的な物であり、それを手に入れる方法は限られていた。そして、ヒトはそのことを知っていた。

しかし、何にでも交換できる抽象的な価値が手に入るようになると、それ自体を得たいという新たな欲望が生まれる。「金の亡者（もうじゃ）」は、何か特定の物が欲しいから貨幣を得るのではない。ともかく貨幣をためることが何にもまして大事な目的なのだ。そこには限度がない。

また、何にでも交換できる抽象的な価値は、人間関係を買うことも、幸せな気分を買うこともできる。貨幣がない時には、人間関係を築いていなければできなかったことが、個別の人間関係抜きに手に入る。逆に、貨幣なしではほとんど何もできない。

そして、今では、貨幣を手に入れることは一つの職業につくことである。一つの職場で一つの仕事をし、その対価に貨幣をもらう。そうすると、ヒトは、自分が独立して生きていると思う。本当は、今でも狩猟採集生活時代と同じように、みんなで共同作業をすることで生きているのだ。農家がいなければお米も野菜もない。物流や商店がなければ、買うことができない。医者がいなければ病気を治せない。学校の先生がいなければ教育ができない。今でも、みんなでともに生き、生かされて暮らしているのだが、それぞれに貨幣が介在しているので、共同という感覚がなくなる。便利なものには必ず負の面がある。ちょっと立ち止まって考えてみた方がよい。

リスク回避が蔓延している？

約三五年前、私は東京大学理学部生物学科の人類学教室に進学した。ここは、ヒトという動物の進化について研究するところで、私の目的はアフリカで野生チンパンジーの研究をすることだった。しかし、いきなりアフリカに行くわけにもいかない。まずは、学部三年生の夏休みから野生ニホンザルの研究を始めた。調査地は房総半島の真ん中。廃屋になった農家を基地にして研究が始まった。水道はある、プロパンガスもある。が、状態は原始的そのもの。ここで経験を積んだ後、博士課程からアフリカで野生チンパンジーの調査にでかけた。

こちらは、タンザニアの首都ダルエスサラームから西に一〇〇〇キロ入ったタンガニーカ湖畔。もちろん電気なし、ガスなし、水道なし。湖畔の小さな町からの交通手段は船外機をつけたボートしかない。周囲一五〇キロ以内に病院もない。ここで通算二年半の調査を行った。

このような経歴なので、およそどんなことにも驚かない。しかし、困ったことに、後継者があまりいないようなのだ。私自身は現場を離れてもう何年にもなるが、今も研究している仲間たちに聞くと、日本人の後継者がいないらしい。私も、「よくそんなところへ行きましたね」「よく親御さんが許しましたね」と言われる。そう、うちの親御さんは娘をそういう調査地に出したのだ。もっとも、結婚していて、夫も同じ研究をしていたが。

最近の若い人たちにとって、電気もガスもないようなアフリカの奥地で調査をするというのは、想像を絶することなのかもしれない。ましてや、親たちにとって。しかし、私の親も心配はしていたが、私自身、親に何と言われようと絶対に行くぞという決心をしていた。その他のことでも親とは何度も対立した。そのたびにこちらも、必死で自分の考えを述べて親を説得しようとした。そんな対立の中で育ってきたのだと思う。

今の若い人たちは、親に言われるとその通りに聞いてしまうようだが、彼ら自身、リスクを冒すことを非常に嫌う。我が国のリスク回避の傾向は、さまざまな統計で明らかだ。今どき、殴り合いのけんかをする若者などほとんどいない。人を殺す若者の一〇万人当たりの数は、戦後減少している。不慮の事故死も同様。自治体も学校も、子どもにけがをさせないように万全の注意を払っている。大学の野外実習も、昔と同じことはとても「危険」でできない。そして、電気、ガス、水道は当然あり、ネットも完備されている先進国への海外留学の希望者すらも減っている。

霊長類のみならず、野生動物の研究者の間で事故率が高いのは確かだ。知り合いの中には、がけから落ちた、ボートが転覆したなどで亡くなった人もいれば、ゲリラに誘拐された人もいる。私たちの世代は、こんな研究をする以上、それは運命の一部と思っていたし、それで研究の情熱が冷めたことはない。しかし、今はそう聞いてその道に行こうと思う人は少ない。

子どもの数が少なくなり、子どもの死亡率が下がり、一人か二人の子どもを大事に育てるようになった。そこで、リスクなんかとても冒せない。日本が安全で、ある意味で居心地のよい社会になるにつれ、人々はリスク回避を極端に重要視するようになった。そして、子どもは絶対に安全に育ってほしいと願うし、そうであって当然と思うようになる。そうして、誰もはっきりと計画していたわけではないが、大いなるリスク回避の社会ができてしまったのだろう。

それは悪いことではないし、昔が良かったわけでもない。問題は、それによって、さまざまな本当の冒険の機会も失われてしまってはいないかということだ。肉体的には、ある程度の冒険をしなければ、どこまでが自分にも他人にも安全なのかは体得できないと思うのだ。それをせずに、肉体的安寧に慣れてしまった中で、知的な意味での冒険だけは可能なのだろうか？

リスク回避の傾向は、若者の自由な発想やイノベーション、人生の目標を多様に設定する自由をも阻害してはいないか？　安全確保は大事だが、いろいろな意味で前人未到の領域に踏み出そうという若者を育てるには、それを許し、背中を押す社会でなければならない。私たちは、果たしてそういう社会を作ってきたのだろうか。

二分法に惑わされないで

天気予報で「今日の降水確率は三〇パーセントです」とあったら、傘を持って出かけますか？　二〇パーセントだったら？　七〇パーセントだったら？　降水確率がどうであれ、傘を「持っていく」か「持っていかない」か、行動の選択肢は二つしかない。傘を三〇パーセントだけ持っていくことはできないのである。

人間は二分法が好きだ。「陰と陽」「男と女」「右派と左派」「上と下」「敵と味方」「我らと彼ら」などなど、どの文化にも二分法はあふれている。現実には、たいていの物事はもっと複雑で、そんなにきれいに分かれるものでもない。しかし、人間が最終的な意思決定をするときには、多くの事柄が、傘を「持っていく」か「持っていかない」かのように二者択一となる。そうすると、人間にとって、そもそもいろいろなものを二つのカテゴリーに分ける方が、心地よいのではないだろうか？

たいていの物事を、三つに分けたり四つに分けたりするのが当たり前、という文化はないのではないか？　「ない」と自信を持って言えるわけではないのだが、非常に少ないと思う。

ところで、商品を買うとき、たとえ自動車などの高価なものであっても、その商品の機能その他に関する情報が、たくさんあればあるほど適切な判断ができるかというと、そうではない。また、人は、商品に関する情報がうんとたくさんあればあるほどうれしいということもない。

情報が少な過ぎると困るのだが、あり過ぎると、それも嫌う。これも、どうせ「買う」か「買わない」か、行動の選択肢は二つしかないのだから、適当なところで腹をくくりたくなるのだろう。

選挙でも、結局はこの候補に「投票する」か「投票しない」か、選択肢は二つである。しかし、支持・不支持がよほど明快でない限り、人は、普通は迷うだろう。そして、候補者の意見その他の情報が多くあればあるほど、決めがたいと思ったり、あちらの候補が四〇点、こちらの候補が六〇点ぐらいに感じたりして迷うに違いない。

こうして見てくると、人間は、情報がたくさんあると二者択一の判断をしにくくなる。そして、そんな状況に陥るのは不快で、簡単に二者択一で判断したいという欲求がある、と言えそうだ。

学問の営みは、いろいろな問題とその状況に疑問を差し挟み、対象をよくよく調べることで、二分法で単純な解釈はできないということを示し続けてきたのだと思う。人種という単純なカテゴリーは存在しない、男と女、と明確に分けられるものでもない、意見の相違を「敵と味方」と単純に分けてしまうと本質を見失うなどなど。

このような学問の成果を本当に取り入れるためには、立ち止まってじっくり考えなければならない。ところが、商品の説明があまり多すぎると嫌われるように、人間は、あまり多くの説明をされることは嫌いなのだ。とすると、じっくり考えて学問の成果を取り入れるのは、人間にとって、はなから心地よい作業ではないのだろう。

しかし、そこをなんとかというか、いやでもじっくり考えねばならないという「良識」があった。少なくとも少し前までは。これを大きく壊したのがネットだろう。ネットの世界は、飛び交う文章も短いし、同じ考えを表明する仲間たちだけで意見を増幅し合うので、二分法と二者択一が専横する。ネットの世界では、長々とした説明は不人気、単純明快な主張で人々に二分法を押し付ける。というか、二分法であっさり決着をつけたいという人々の本来の欲望に、すっかり乗っかっているのだろう。

極端な意見は昔からあった。それを、ある意味で爽快だと思う風潮も昔からあった。しかし、そういうふうに感情に任せてしまうのはいけないという歯止めが、社会のどこかに確かに存在した。ネットは、そんな歯止めをなくし、なくてもいいのだと思わせている。

そんな影響もあってなのか、ともかく短い時間で、短い文章で自己アピールせよ、というメッセージが広がっている。そんな簡単に表せるものなんて、本当はないのに。

この先には何があるのか？　学問はウザイ、長い説明は聞く耳持たない、となったら危険である。もうなっている？

日本人は意見を言わない？

もう一〇年以上前になるが、ある私立大学に勤めていたころ、環境問題を論じる一年生のゼミを担当したのだが、みんなが黙っているので困った。あとで学生に聞いたところ、高校までずっと、自分の意見ははっきり言わない方がよいという教育を受けてきたと言う。なんですか、これは！

その数年前に、アメリカのエール大学で教えていたときには、こんなことは全くなかった。みんな自分の意見を言いたくて言いたくて、中には発言すること自体を目的にくだらないことまで言う学生もいて、そういう発言を封じるのに苦労した。「言いたがり」と「言いたがらない」が競争したら、「言いたがらない」文化は負けると直感した。この違いはいったいどこから来るのだろう？

一般的に、日本人は自分の意見を表明しない。まずは、その場にいる他者がどんな意見を持っているのかをいろいろと探る。そして、みんなとあまりかけ離れたことは言わないようにする。そうなると、異なる意見は表に出てきにくい。だからと言って、異なる意見がないわけではない。やがてそれが高じて不満がたまると、会議とは別のルートで表明され、対処すべく、また別のルートで調整することになる。

私は、こんなことが日本人の意思決定を遅らせ、社会を変えるプロセスを遅らせ、生産性を低下させている重要な原因の一つではないかと疑っている。

日本人のおとなの意識について、数多くの研究やアンケート調査がこれまで行われてきた。それらを総合すると、日本人の成人男性（お父さんたち）の多くは、自分の意見をしっかり持っている。そして子どもにも、自分の意見をしっかり持つおとなになってほしいと願っているようだ。ところが、自分自身、その意見を公にするかというと、あまりしない。そして、自分の子どもも、むやみに自分の意見を表明しない方がよいと思っている。なぜなら、そういうことをすると周囲に嫌われるから、というのが大半のお父さんたちの意見なのだ。

大半のお父さんたちが自分の意見を持っているのにそれを言わない。そんなことをすると嫌われると思っているから。だったら、みんなで一斉にそんな「自己規制」はやめにして、誰でも意見を表明するようにすればいいではないか。これは実にくだらない自縄自縛である――と以前の私は思っていたのだが、しかし、そうではないのだ。

こんなお父さんたちは、あえて意見を言わないでいる自分をさしおいて、自分の意見を言う人がいると、不愉快なのだ。「そんなことをすると周囲に嫌われる」というのは、あたかも社会を客観的に観察して述べているように装ってはいるが、実は「そういうことをするやつは、私は嫌いだ」という自分自身の態度を表現しているのである。

「日本人は」という言い方をするが、私が若かったころは、これほどではなかったと思う。安保があり、ベトナム戦争があり、公害・環境問題があり、大学紛争があった。みんな、政治に関しても何に関しても、いろいろ議論していたと思う。それがなぜ、こんなに異なる意見を表明することを嫌うようになったのか？　私が若かったころは、個人の自由を実現するために闘わねばならないと思っていた。

今は、個人の自由が実現されたのだろうか？　私たちの時代に比べて経済的に豊かになったので、何でも好きにできるという自由は増えただろう。その上で、ネットなどの技術が急速に普及し、その利便性と個人の自由との間のあつれきに関しては、あまり議論されない。

そして、今の若い人たちは、対立が表面化することを極端に恐れる。閉鎖的で個人の移動がしにくい社会では、意見のぶつかり合いは嫌われる。グローバル化した社会というのは、個人の移動やグループ形成が自由な社会のはずだ。そうならば、今の若い人たちの方が、私たちの若いころよりも自由なはずなのだが、なぜ、彼らは意見の対立が表面化することを嫌うのだろう？

さまざまな意見をたたかわせ、それに対処するすべを身につけなければ、これからの世界で決してよい方向には進めない。日本は何かがおかしいと思うのは、私だけか？

女性議員を増やそう

日本では、なかなか女性の社会進出が進まない。中でも社会のトップに立つ女性の割合が相変わらず非常に低い。例えば、二〇一九年の国会における女性議員の割合は一三・八パーセントで、統計に載っている一九一カ国の中では一四四位。世界平均の二三・四パーセントをはるかに下回る。この一九一カ国の中には、三〇パーセントを上回る国が四四、二五パーセントを上回る国が六六もあるのだから、日本の現状は悲惨だ。

先日、ある国の大使館での晩さん会で日本の女性の地位の話になったとき、大使夫人が「こんな状態では日本は民主主義国家とは言えない」と苦言を呈していた。それは確かにその通りだろう。女性議員の数だけが重要な数字ではないが、国民の意見を代表するのが国会議員なのだから、もっと増やすべきである。

女性と男性は、いろいろな意味で異なる状況に置かれている。妊娠、出産、授乳に伴う肉体的なコストは女性の方が大きい。これは哺乳類としての基本的な性差である。このことが出発点となり、感覚器の使い方や気質などにも性差が出てくる。

例えば、進化史上、女性は、自分が死んでしまえば子どもも死ぬことになる状況が多いので、周囲を慎重に見てリスクを回避する傾向が強くなるように進化する。また、乳飲み子を抱えながら、よちよち歩きの子どもがまわりにいるという中で仕事をするので、視覚、聴覚、触覚などを同時に働かせねばならない状況にあり、マルチな感覚の同時使用にたけるように進化する。同性同士の社会関係の作り方や、相手の気持ちの読み方などにも、男性との微妙な差異が進化する。

これらは、何億年という哺乳類の進化の中で培われた性差だ。しかしヒトという生物は、男性も女性も親族も非血縁者もみんなで協力しながら暮らす社会性の動物であり、みんなで子育てする共同繁殖の哺乳類である。だから、ヒトの生物学的性差は、他の多くの哺乳類よりもずっと小さい。

しかし、このような性差がもとになって、人類が築いてきたいろいろな文明の中で、男女の暮らしや活動が少しずつ異なることになり、男らしさや女らしさの概念が作り出されてきた。その多くは、子育てのコストが小さく、一つのことに集中できて、リスクテーカーである男性にとって都合のいいあり方であった。それが今日まで尾を引き、現代社会においても、男性と女性が置かれている状況や立場には差異がある。

政治には、なるべく多くの異なる立場や状況の人々の意見が取り上げられるべきだから、女性の政治家をもっと増やすべきだろう。

国会議員に占める女性の割合が低いのは象徴的だが、日本社会は一般に、女性が高い地位にいることはないという大前提で動いている。「学長が乗ります」と言われたタクシーの運転手は、当然男性がやってくると思い込んでいて、私には見向きもしない。会社や役所のエライ人に会いに行くと、相手はまず、私と一緒にいる男性の理事や事務局員の方を見て、そちらに名刺を渡そうとする。いちいち怒るのもばかばかしいが、不愉快なのは事実。

『何が起きたのか?』(光文社)という題名の本がある。ヒラリー・クリントン氏が、二〇一六年の米大統領選を戦ったときのことを書いた本だ。ビル・クリントン氏のファーストレディー、ニューヨーク州の上院議員、オバマ政権での国務長官と、華麗な経歴を持つ彼女だが、初の女性大統領はかなわなかった。アメリカは自由と民主主義の国だが、実は、国会議員に占める女性の割合は、ドイツよりもフランスよりも英国よりも中国よりも低く、一九・七パーセントで一〇一位である。「マッチョな男と優しい女性」という文化なのだ。

本の中に、彼女の家に掲げてある標語が出てくる。「男のように考え、淑女のように振る舞い、少女のような外見で、ウマのように働け」というものだ。うーん、それはよく分かるのだが、私はこれに注釈をつけたい。「男のように考え（しかし男になっちゃダメ、その思考方法自体を批判的に考え）、淑女のように振る舞い（しかしオジサンを刺激しない戦略を立てながらも、主張すべきは大胆に主張し）、少女のような外見で（しかし年を取ることを恐れず恥じず）、ウマのように働け（うん、まあ、その通りかも）」

まずは女性管理職を三割に

私事で恐縮だが、私たち夫婦は、先日結婚四二周年を迎えた。この間、世の中はずいぶん変わったが、世界の変化に比べて日本がもっとも変わっていないことの一つが、女性の地位ではないかと思う。我が家では、初めから家事は半々の分担であったが、世の夫の多くは、いまだに家事にはあまり関わらないらしい。一九八六年には男女雇用機会均等法が、九九年には男女共同参画社会基本法が施行され、あらゆることにおいて、男女差別をなくす社会に向かったはずである。

しかし日本では、物事を決める立場にある地位の女性の数が圧倒的に少ない。もちろん、日本でも良くなってはいるが、世界の変化はそんなものではない。日本は全くのガラパゴスである。データで示そう。

世界経済フォーラムが毎年出しているデータに男女格差指数というのがある。これは、政治、経済、教育、健康の面で男女の格差を指数化したもので、一に近いほど男女平等である。二〇一八年の日本の総合評価は〇・六六二で、一四九カ国中一一〇位であった。教育と健康では、〇・九九と〇・九八なので、ほぼ平等なのだが、今やこの二つの項目は各国とも一に近いのである。

問題は政治と経済の分野で、日本の政治分野の値は〇・〇八一で一二五位、経済分野は〇・五九五で一一七位である。政治分野の評価には、過去五〇年間の女性首相の数、女性閣僚の割合、国会議員における女性割合が含まれる。

そこで日本の状況を調べてみたら、国会議員の女性割合は二〇一九年で一三・八パーセント、一九一カ国中一四四位である。サウジアラビアの一九・九パーセントよりも低い。地方政治はもっとひどくて、二〇一八年の都道府県知事の女性割合は六・四パーセント、都道府県議会議員は一〇・〇パーセント、市区町村長は一・八パーセント、市区町村議会議員では一三・四パーセントであった。目を覆う数字ではないか。

企業、公務員などにおける女性管理職の割合というデータもある。二〇一〇年の日本は一〇・五六パーセントだった。それが二〇一七年には一三・一九パーセントになったので、確かに増えてはいる。しかし、欧米先進国は、二〇一〇年時点で既に三〇パーセント台であり、四〇パーセントに近づいている国もある。他の国々の動向も見ると、先進国では、二〇一〇年代に女性管理職が三〇～四〇パーセントという数値を達成し、他の国々も多くがそのような道を歩んだが、日本は遅々として進まず、というのが現状なのである。

経済分野に限ると、日本の上場企業における女性役員の割合は、一二年の一・六パーセントから一八年の四・一パーセントへと増えてはいる。しかし、欧米諸国は一五年時点で軒並み二〇～三〇パーセントなので、比べものにならない。帝国データバンクが日本の九九七九社を分析した調査によると、二〇一八年時点で、役員に一人も女性がいない会社の割合は五九パーセント。管理職に一人も女性がいない会社は四八・四パーセントである。

給与面では、フルタイムで働く人の給与の中央値を男女で比較すると、二〇〇〇年時点で日本の女性の給与は男性に比べて三三・九パーセント低く、経済協力開発機構（OECD）加盟国の中でワースト二位だった。二〇一六年には二四・六パーセントに縮まったが、やはり悪い方から三番目である。欧米諸国は二〇〇〇年時点で一〇～二〇パーセント台、二〇一五年でおよそ一〇パーセント台。日本は二〇年以上遅れている。

ちなみに、八六ある国立大学法人のうちの女性学長は、今年度は私を含めて四人、過去最高の四・六五パーセントとなった。アメリカの大学全体では三〇パーセント、タイムズ・ハイヤー・エデュケーションによる世界のトップ二〇〇大学でも一七パーセントが女性学長なのだ。

日本は、社会のあらゆる面において、物事を決める立場にいる女性が圧倒的に少ない。女性の地位向上に関する問題は議論されるのだが、それらのほとんどは子育て支援である。つまり、女性は、「子どもを産み育てやすい社会」を作るという観点からしか見られていないのだ。社会の動向を決める決断をする女性を増やそうとは、まったく考えていないとしか思えない。

多様性が大事だと言いながら、役員、管理職、学長、議員、都道府県知事など、重要な意思決定にかかわる人々はほとんど男性（しかも高齢）、というのでは、多様性の意味はどこにあるのか？　考え方、ものの見方、生き方が異なる多様な人々によって運営される社会を目指すべきである。まずは、女性管理職の割合を三割に。

ダイバーシティーとインクルージョン

一

一九八九年一一月九日にベルリンの壁が崩壊してから、三〇年が経った。記念式典で演説したドイツのメルケル首相は、壁の崩壊は、人々を分断する壁がいかに高くあろうと、それを打ち破ることができる証しだと述べた。しかし……。

あれから三〇年の間に、世界はなんと大きく変わったことだろう。大きく変わっただけではない。当時は誰も思いもしなかった方向に変わった。この先もどこへ向かうのか、まったく不透明で不安をあおる。

歴史の大きな流れを見ると、世界はだんだん良くなってきた。どんなに底辺にいる人々でも、昔に比べてより豊かになった。さまざまな紛争やテロにもかかわらず、戦争や暴力で死ぬ人々の割合は減少し、より平和な世の中になってきている。一八世紀のフランス革命や一九世紀の奴隷解放、女性の権利の拡張などを経て、より多くの人々の権利が守られるようになった。

それにもかかわらず、毎日の暮らしの中で、人々は、より幸せになったとは感じず、将来への不安の方を、より強く感じている。

最近は、ダイバーシティーとインクルージョンを重んじようということが、あちこちで言われるようになった。ダイバーシティーとは多様性だ。つまり、社会の構成員にさまざまな多様性があることを良しとしよう、という考えである。インクルージョンは、包摂。その多様な人々のさまざまな立場や考えを包摂し、なるべく多くの人々が、普通に快適に暮らせるようにしよう、という考えである。

集団に多様性がある方が、ないよりも変化に強い、というのは、生物学的な事実だ。集団内に遺伝的多様性がないと、環境の変化に対応できずに絶滅する可能性が高い。生態系にさまざまな種が存在し、互いに複雑な関係性を持っている環境ほど、外部からのかく乱に強い。これらのことから考えると、人間の社会にも、さまざまなレベルで多様性がある方が、ないよりもよいはずだ。

しかし、問題は単純ではない。多様性がよいということで、たとえば、男性ばかりでなく女性も職場に進出させようとする。ところが、その職場の運営にかかわる規則や慣習が、男性ばかりで運営されていたときとまったく変わらないまま、そこに女性を入れると、女性の都合や立場を無視して、男性と同じになって働けということになる。これはおかしい。

そこで、インクルージョンという概念が必要になるのだ。女性ばかりでない。障害者も、外国人も、移民も、多様な人々が一緒に暮らせば、互いに異なる要求や主張を持っているので、意見を戦わすことになる。女性が男性のやり方に合わせて働かねばならないのはおかしいのと同様、外国人が日本で働くなら日本の習慣に従えとただ強制するのはおかしい。みんなの意見を戦わせた上で、もっとも納得のいく地点を見つけねばならない。それには、大きなコストがかかるのだ。

女性が本当に職場で活躍できるためには、男性も家事・育児を相当に分担せねばならない。障害者の人たちがより快適に暮らせるようにするには、そのための設備投資が必須である。外国人に対する日本語支援も必要だ。日本方式を見直し、新たな仕組みを導入する必要も出てくる。

社会は、意見や要求の異なる多様な人々で成り立っている方がよいのだと思えば、そういう人々がより快適に暮らせるように、社会の仕組みや基本的考え方も変えていかねばならない。そのコストは大きいのである。それに対する反感の表れが、あの相模原の障害者施設での大量殺人であり、移民排斥やヘイトスピーチなのだろう。

　ソーシャルメディアの普及によって、人々は、どんな考えでも、述べれば瞬時に賛成を得る可能性を手にした。反対の考えの人とはつながらなければよい。沈思黙考などという言葉は、もはや死語になっているのではないだろうか。

　そんな世相の中で、これからますますＡＩの使用が進む。人々の心に余裕がなくなり、違いに対する寛容さが減る中でＡＩが「大活躍」するのだ。

　その「活躍」がどんなものか、ここはよく考えねばならない。より多くの多様な人々が、より快適に過ごせるようにするために、ＡＩはどう使えるのか。それを目標にみんなで考えよう。

もう一度、理想の実現のために

二〇二〇年を迎えた。何かと先の見えない時代であるが、読者のみなさんは、今年の一年にどんな期待を抱いておられるだろうか？

今から一〇〇年前は一九二〇年。二〇年代とはどんな時代だったのか、私は知らないが、二つの大戦のはざまである。大衆文化が育まれるようになり、大正デモクラシー運動も起こる一方、金融恐慌や関東大震災もあった。そしてファシズムが台頭し始めた。

今から五〇年前は一九七〇年。七〇年代ならよくわかる。私の青春時代だ。大学紛争とベトナム戦争反対で荒れた。それまでの高度成長は、オイルショックで一応の終わりとなる。コンビニやスーパーマーケット、ファストフードの店が全国的に広がった時代。

いつの時代も良いことと悪いことがあり、予想外のことも起こった。それでも、この一〇〇年を振り返ると、全体として、社会はきっと良くなる、という希望はつねに持たれていたのではないだろうか？　科学の進歩は人々に幸せをもたらし、試行錯誤によって、社会の運営は必ず良くなる、という信念である。

事実、確かに世の中は良くなった。乳幼児死亡率は下がり、人々の寿命は延びた。第二次世界大戦以降、大きな戦争は起こっていない。暮らしは便利になり、最貧困層の人々でさえも、その生活は向上した。人々は、より自由になった。

では、なぜ、今、かつてのように無条件に、未来は明るいという希望をみんなが持てているという気がしないのだろう？

一つには、経済的な発展が右肩上がりに続くというフェーズが終わりつつあるのだろう。毎日の暮らしに必要な便利な物はたくさんあるし、選択肢も広がった。何もない貧しいときには、何でもある素晴らしい世界を想像できるが、欲しい物がほぼ手に入る世界では、もっと素晴らしい未来はなかなか思いつけない。

しかし、そうであったとしても、将来はもっと明るく見えてもよいのではないか？　それがそうでもない。

米国の大統領が、これまでの米国としては考えにくい政策を次々と打ち出す。英国が欧州連合（EU）離脱を決める。共産党一党独裁でありながら市場原理を取り入れた中国が、すごい経済発展を成し遂げていく。

東北の大震災と津波、福島原発事故の痛手の記憶は強く残り、台風などの自然災害の多発は、気候変動の深刻さを考えさせる。

人工知能の進歩は目覚ましいと言われるが、それで私たちはどうなるのだろう？　遺伝子の改変も可能になるのだろうか？　すべてのものがネットにつながり、便利になる一方で、大量の個人情報が取られたり、流出したりする。これらの事態は、人々にすごい格差をもたらすのではないか？

それやこれやは、信じてきた価値観や社会の常識が通用しなくなるかもしれない、まったく違う社会になるのかもしれない、という不安だろう。そして、その不安をどのようにして解消したらよいのかがわからない、という不安である。

いま、私たちの文明は、大きな転換点を迎えているのかもしれない。

狩猟採集時代から農耕と定住生活の時代に入ったときには大きな価値観の転換があった。手に入るもので満足し、食料が取れなくなったら移動するというその日暮らしから、計画を立て努力して働く暮らしになった。それまで考えつきもしなかった、蓄財が可能になった。都市が生まれ、職業が分化し、貨幣で物やサービスのやり取りをするようになった。

そして、権力と不平等と搾取が生まれた。

　そこから、長い年月を経て、自由や平等や人権の概念が獲得され、それらの理想の実現のために、ときには革命などの暴力も含めて人々は闘ってきた。その理想は、いまだに完全に実現してはいない。ところが、その理想のもとに隠蔽(いんぺい)されてきたもろもろの悪感情が噴出し、あの理想はもうやめようかということにでもなったのだろうか？

　インターネットとソーシャルメディアの時代に、どうやって社会を良くするための議論をしていくのか。イデオロギーが死滅する時代に、政党政治は残れるのか。自分中心主義が蔓延(まんえん)する中、他者への関心と政治参加をどうやって保つか。持続可能な社会はどうやって作れるか。問われているのは、理想を議論する新しいプラットフォームなのかもしれない。

あとがき

『毎日新聞』の「時代の風」というコラムに、ここ数年書き連ねてきたものを、このようにまとめてみた。そうしようと思った最大の理由は、現代に起こっているさまざまな変化が、生物としてのヒトの進化史から見て、一つの転換点を迎えていることを示しているのではないかと思うからである。狩猟採集社会から定住の農耕社会へ、定住の結果の貧富の格差と権力の集中の世界へ、さらに、その悪弊を克服しようとする民主主義と自由主義、資本主義の世界へ。そして、ソーシャルメディアとＡＩの社会へ。私たちは、これからどこに向かうのだろう？

ヒトの一世代を二五年として、生物進化は、その速度でしか起こらない。それを考えると、何百万年も続いてきた狩猟採集社会の遺産としてのヒトの進化を無視することはできない。しかし、人間が獲得した「文化生成」の能力は、この生物進化の制限を超えて文化環境を変化させることを可能にした。しかも、その変化のスピードは近年さらに速くなっており、今ではヒトは、社会がどんどん変わることが当然のように考えている。

　変わったのは事実だし、確かに人々はその変化に対応している。今のところは。だが、こんなに変わってしまった世界に生まれ、そこで育つ次の世代の子どもたちは、その後どのようなおとなになり、彼らが住む地球はどのような世界になるのだろうか？　それは誰も知らない。予測もつかない。このような状況下、一つの指針を提示してくれるのは、進化の観点だと思うのである。

　本書を計画し、いろいろと助言をいただき、出版にこぎつけてくださった青土社編集部の足立朋也氏に感謝したい。ここで展開したのは、まだまだ中途半端な議論だと思うのだが、ここまでおつきあいいただいた読者のみなさまにも感謝したいと思う。

二〇二〇年　春

長谷川眞理子

本書は、著者が二〇一六年四月から二〇二〇年一月にわたり『毎日新聞』に連載したコラム「時代の風」をもとに、本文を加筆修正し、構成されています。

長谷川眞理子（はせがわ・まりこ）

1952年東京都生まれ。人類学者。東京大学理学部卒業。同大学院理学系研究科博士課程修了。専門は自然人類学、行動生態学。イェール大学人類学部客員准教授、早稲田大学教授などを経て、現在、総合研究大学院大学学長。野生チンパンジー、ダマジカ、野生ヒツジ、クジャクなどの研究を行ってきた。最近は、ヒトの進化、科学と社会の関係を研究課題に据えている。主な著書に『世界は美しくて不思議に満ちている』（青土社）、『生き物をめぐる4つの「なぜ」』（集英社新書）、『動物の生存戦略』（左右社）などがある。

モノ申す人類学（もうじんるいがく）

2020年2月14日　第1刷印刷
2020年2月25日　第1刷発行

著　者　長谷川眞理子（はせがわまりこ）

発行者　清水一人
発行所　青土社
〒101-0051　東京都千代田区神田神保町1-29　市瀬ビル
電話　03-3291-9831（編集部）　03-3294-7829（営業部）
振替　00190-7-192955

印　刷　ディグ
製　本　ディグ

装　幀　竹中尚史

ISBN978-4-7917-7250-6　C0040

青土社／既刊

長谷川眞理子
世界は美しくて不思議に満ちている
足りすぎているのに不足感を募らせよと迫りくる文明の行き着く果てとは？「共感」とヒトの進化をめぐる評論・エッセイ集。

四六判／２４８頁　定価本体１８００円(税別)

ジョン・ブロックマン編／長谷川眞理子訳
知のトップランナー１４９人の美しいセオリー
あなたにとってお気に入りの、深遠で、エレガントで、美しい理論（セオリー）は何ですか？　科学の巨人たちが解き明かす世界についての秘密。

四六判／４９６頁　定価本体２８００円(税別)